4
思考致富
自我推销术

[美]拿破仑·希尔◎著
叶塑 吴真贞◎译

Copyright © [2025] by The Napoleon Hill Foundation
All rights reserved.
The simplified Chinese translation rights arranged through Rightol Media（本书中文简体版权经由锐拓传媒取得，Email:copyright@rightol.com）
版贸核渝字（2025）第066号

图书在版编目（CIP）数据

思考致富. 4, 自我推销术 /（美）拿破仑 · 希尔著；叶塑，吴真贞译. -- 重庆 : 重庆出版社, 2025. 8.
ISBN 978-7-229-19543-4
Ⅰ. B848.4-49
中国国家版本馆CIP数据核字第2025PX5670号

思考致富4：自我推销术
SIKAO ZHIFU 4: ZIWOTUIXIAOSHU

[美]拿破仑·希尔　著　叶塑　吴真贞　译

出　品：	华章同人
出版监制：	徐宪江　连　果
责任编辑：	史青苗
特约编辑：	孙　浩
营销编辑：	刘晓艳
责任印制：	梁善池
责任校对：	彭圆琦
装帧设计：	末末美书

重庆出版集团
重庆出版社　出版
（重庆市南岸区南滨路162号1幢）
北京毅峰迅捷印刷有限公司　印刷
重庆出版社有限责任公司　发行
邮购电话：010-85869375
全国新华书店经销

开本：800mm×1150mm　1/32　印张：8.25　字数：155千
2025年8月第1版　2025年8月第1次印刷
定价：48.00元

如有印装质量问题，请致电023-61520678

版权所有，侵权必究

前言

35年前,一个年轻人从纽约东奥兰治的一列货运列车上跳了下来,朝着托马斯·爱迪生的实验室匆匆而去。秘书要求他先说清楚自己的来意,不然不让他见爱迪生。这个年轻人大胆地回答:"我将成为爱迪生的合伙人!"

他的魄力让他通过了秘书这一道坎。一个小时后,他就上岗了:给爱迪生的厂房擦地板。5年后,他成为爱迪生的合伙人之一。这个人的名字就是埃德温·巴尼斯,他是享誉全美的传声录音机经销商。他家就在佛罗里达州,离我家并不远,我认识他也有25年了。作为他的朋友,我可以这么说:他正是通过本书第一部分所述的推销心理学,成功地将自己推销给了爱迪生。

埃德温·巴尼斯积累的财富一辈子也花不完,而其中每一分钱都是来自他与爱迪生那一小时的私谈。在那一个小时的时间里,他成功地推销了自己,为自己赢得成为美国最伟大人物的合伙人的机会。总的来说,埃德温·巴尼斯日后积累的数百万美元财富都应当归功于那一个小时的自我推销。

我的第一份工作是给鲁弗斯·艾尔将军当秘书，那时候我只有十几岁。在十多岁的时候，我就成了艾尔将军名下一座煤矿的总经理。从秘书提拔到总经理，我只用了不到一个小时，在那期间，我主动提出可以为他提供保密服务，而这并不是我的本职工作，我也没有要求他多付报酬。就这样，我把自己推销到了更高的位置。这改变了我的整个人生轨迹，让我成为安德鲁·卡耐基的合作伙伴，这对我、对其他千万人而言，都有深远的影响。

要解释这本书为什么会对你有好处，要证明自己是实现"人生中的自我推销术"的大师，那我敞开大门，坦白地跟你说下面这些真诚的话。

30年前，应安德鲁·卡耐基之请，我与他一同合作，将所有成功和失败的因素整合成了一套实现个人成就的理论。在30年的时间里，我与最为成功的那些人士取得联系，采访他们并与他们合作。这些人包括亨利·福特、托马斯·爱迪生、约翰·沃纳梅克、卢瑟·伯班克、伍德罗·威尔逊等。从他们丰富的阅历中，我总结出有关个人成就的第一套实践理论，并将之写成关于成功法则的专书。

我在人生中运用这套理论推销自己，我的成功再好不过地证明了该理论是切实可行的。该理论让我获益良多，但要论最大的收获，我只能诚实地说，我的自我推销相当成功，因此我得到了实现幸福人生所需要的一切东西，当然其中要包括不为任何金钱问题担心的自由。

我结婚的对象是自己喜欢的女人，我们生活和睦，互相理解，这让我的心灵获得了长久的宁静，鼓舞我追求更为远大的目标，而在遇到她之前我不曾有此奢望。

我用自己的方法，在自己喜欢的地方，利用自己的理论实现了自己的理想生活。太太和我在佛罗里达的多拉湖边打造了一个安定的家园。这里阳光充足，绿树环绕，空气清新，而且它远离外面的喧嚣，给予我们足够的私密空间，但又不至于过于偏远，让我们可以与邻居和谐相伴。

每天24小时，我们会花1—3个小时召开智囊团会议，对自己的计划进行分析，准备一些东西来帮助那些在自我推销方面不如我们成功的人。

我们的生活没有任何恐惧，没有任何担忧，没有对过去、现在或将来的质疑，我们身体十分健康，在完成这本书后，希望未来还有足够的时间让我们继续写上十几本书。我们对一切事物、一切人物保持开明的态度，我们从他人身上学习有意思、有价值的东西，并将此当作自己的一项任务。

太太最热衷的事情是抚养孩子。她没有自己的孩子，但她收养了一大家子的孩子，为他们提供衣、食、住所和教育。我们会一直为他们负责，等到他们学会在人生中成功地推销自己后，再让他们回归社会。

而我最感兴趣的则是太太!

在遇见她之前,我花了15年的时间找合意的妻子。我用本书所描述的推销原理向她推销我自己。我认为,这次成功是证明本书理论切实有效的最好证据。

在你读这本书的时候,你会觉得你的内心与一个十分快乐的人发生了共鸣,这个人会真诚地说:"生活所能提供的一切,我都已拥有。"在如今这骚动的日子里,在世界上一些国家因为贪婪和对权力的渴望而攻击其他国家的时候,有这么一个人,他在不损害他人的情况下得到了自己想要的生活,这看起来简直就是个奇迹。

这本书记录了太太和我如何通过推销自己获得幸福的理论方法。大约10年前,我的人生面临一个挑战,那时候,大萧条让我失去了收入来源,失去了所有的财富(参见本书第一部分),而成功理论帮我渡过难关。

我们位于佛罗里达的家园充满积极的气息,富有感染力,因为打造这个家园的两个人心意相通,做着自己喜欢的工作,并且从自己的工作中感受到无与伦比的幸福。这种气息如此充沛,包括所有的家庭成员、秘书、访客在内的每个人都为它所感染。

我也将这种让心灵感到富足和宁静的气息写入本书的字里行间,在将手稿提交给出版社之前,太太和我对书里的每个字都进行认真地检查、斟酌。如果有读者说他无法从书中感受到这种气息的影响,我们可能会感到十分吃惊。

本书四个部分描述的案例并非纸上谈兵，而是人们的亲身经历。我花了30年时间从这些杰出人士身上采集到第一手的资料，而这个采集过程本身也是我向他们推销自己的过程，在此过程中，我了解了这些人丰富的人生经历。这些人包括弗兰特·范德里普、约翰·戴维森·洛克菲勒、大卫·斯塔尔·乔丹、哈维·费尔斯通、威廉·里格利、小沃尔沃斯、詹姆斯·希尔、查尔斯·施瓦布及其他成功人士。他们正是利用我所描述的推销原理为自己赢取了巨大的财富。

对第三部分里亨利·福特的致富故事作再三地强调都是不为过的，因为他的故事验证了这些主要的推销原理，而任何一个想要在人生中成功推销自己的人，都要用到这些原理。

每个美国人应该都会对第四部分感兴趣，因为这部分准确地描述了富兰克林·德拉诺·罗斯福在第一个任期内采用了哪些法则来消除恐惧的蔓延并让人民重新接受美国的传统美德，这个案例可谓是美国历史上最成功的推销案例。

在第四部分中，我还根据总统和约翰·刘易斯的关系对未来作了一些预测。经济危机让千万人失去了工作。对那些想要在人生中成功进行自我推销的人而言，能带来如此深远影响的人类行为准则都值得认真分析一番。

第四部分分析的原理揭示了一条道路，沿着这条道路，这个世界就能从世界大战[1]以后精神破产的泥沼中挣脱出来。这是避免另一次世界大战的唯一道路；这是解决美国总统和为国家提供经济命脉的工商业领袖之间的矛盾的唯一办法；这是打击敲诈的唯一途径，敲诈破坏了工人平和心境，让他们损失无数金钱；我们也真心相信这是人们能获得并保有心灵宁静、财富和幸福的唯一方法。正因如此，对一本旨在告诉人们如何在人生中推销自己的书来说，第四部分绝不可少。

拿破仑·希尔

---

[1] 指第一次世界大战。——译者注

序

拿破仑·希尔的经典著作《思考致富》一书有数百万的推崇者，我亦是其中之一。该书出版于1937年，被誉为20世纪最佳励志书籍，但是，在《思考致富》成书之前，拿破仑·希尔是如何谋生的，知道的人却为数寥寥。在本书中，希尔将向读者阐述他多年来如何完善自己，使自己成为一名推销大师兼推销培训专家。本书成书于大萧条最严重的时候，为了完成这一本书，希尔联系美国最为成功的人士，采访他们，并得到了他们的配合。这些人包括安德鲁·卡耐基、亨利·福特、托马斯·爱迪生等。

本书的内容今天依然有用，因为在它成书的年代里，经济状况和我们今天十分相似。希尔在书中说道："经济危机并没有摧毁想象力的市场，反倒是增加了市场对想象力的需求。这个世界需要的正是懂得发挥自己想象力的人。"这道理时至今日依然管用。

本书是一本优秀的进行人生推销的读物，它包括多方面的内容，如谈判心理学、行之有效的提升自我价值的方法、积极思维，以及至为重要的黄金法则。花一点时间读读这本书，你就会理解为什么拿破仑·希尔会被誉为这个时代最为优秀的商业哲学大师。

肯·布兰查德

（《一分钟经理人》的作者）

目录

第一部分　成功谈判中的心理学原理　1

引言　2

成功需要巧妙的营销　9

推销大师的策略　26

推销大师应有的素质　41

自我暗示：推销的第一步　56

智囊团　60

专注力　63

主动性和领导力　69

评估潜在客户　77

缓解潜在客户的抵触心理	83
达成交易的艺术	91
第二部分　推销个人服务的技巧	103
选择职业	104
以明确的主要目标为毕生的事业	110
养成提供超值服务的习惯	113
讨喜的性格	121
合作精神	130
如何创造岗位	132
关于职业选择	135
如何安排时间	144

如何获取想要的职位	153

第三部分　榜样：亨利·福特　　164

目标专注	165
坚持	170
信念	174
果决	179
体育道德精神	183
规划时间和开支	187
谦逊	189
养成提供超值服务的习惯	191
推销大师福特	198

积累力量	204
自制力	208
集中精力	211
主动性	214

第四部分　赢得朋友：一条历经四千年考验的法则　218

如果我是总统	219
黄金法则的运用	224
正确的待人理念	232
一些个人经历	238
劳资争议	241
新的世界	243

第一部分　成功谈判中的心理学原理

在不引起他人反感的前提下去影响他们，是一种极为实用的艺术。本书的第一部分对一些公认的心理学原理进行分析，利用这些原理，你可以在谈判中避免摩擦。想要在不曲意逢迎的情况下获得友谊或影响他人，这些原理是你的不二法则。这些原理来自成功人士的亲身经历，他们都是过去 50 年间美国最著名的工商界、金融界、教育界领袖。在这一部分中，你可以找到最适用于现代的推销术。

引言

推销大师是一位艺术家，能用精彩的文字在人们的心里构建出栩栩如生的画面，就像伦勃朗用颜料在画布上作画那般娴熟。他奏出的交响乐挑动着人们的情绪，就像帕德雷夫斯基双手敲击钢琴键盘那般灵活。

推销大师是一位操控心灵的战略家，能影响人们的思绪。

推销大师是一位哲学家，能用结果解释原因，也能用原因解释结果。

推销大师是一位性格分析专家，熟知人性，就如爱因斯坦熟悉高等数学一般。

推销大师是一位读心者，可以从人们的表情、话语、沉默及与人相处时自己内心的感受读出别人的内心所想。

推销大师是一个预言家，可以通过观察过去发生的事情预见未来。

推销大师可以影响别人，因为他懂得掌控自己！

本书会告诉你精湛的推销术有哪些特征，以及要通过哪些途径才能获得这些能力。本书旨在帮助读者培养说服他人的艺术，帮助他们从平庸之才变成个中翘楚。

丰富的情感以及灵动的思维。

贝尔特兰先生的定义十分宽泛，但我还想再加上一点：

"推销术是将某种目的植入别人心中，使之产生于己有利的行动的艺术。"

本书的每篇文章都会告诉你这条定义的重要性。

推销大师之所以能成为大师，是因为其能够在不引起抵触或摩擦的情况下，诱导别人按照自己的目的采取行动。

推销大师之间竞争很少，因为堪称大师的人是那么的少！

推销大师知道他们要的是什么，知道如何制定计划，获取自己想要的东西。不仅如此，他们还会主动将此计划付诸行动。

推销行为可以分为两种：其一，推销人员仅与一个人进行谈判；其二，推销人员与一群人进行谈判，俗称公开演讲。

推销大师不仅要能影响某个人，还必须拥有说服一群人的能力。面对一群人进行演讲并让听众感到信服的能力，是一种无价的财富。它给很多人带来巨大的机遇。想获得这种能力，只能靠自己努力。它是一种艺术，只能通过学习、努力和亲身体验来获得。

以下是几个具体例子：

美国民主党全国代表大会上著名的《黄金十字架》演说，让威廉·詹宁斯·布莱恩从一个默默无闻的人变成享誉全美的人。

美国独立战争期间一篇《不自由，毋宁死》的演讲，让帕特里克·亨利获得了不朽的名声。若不是这篇演讲，他的名字也许不会流传下来。

罗伯特·英格索尔用自己充满魄力和雄辩艺术的公开演讲改变了技术的发展轨迹。

推销大师不仅能用语言打动人，也能通过笔锋来影响他人。

通过推销自己的文字，阿尔伯特·哈伯德收获了巨大的财富，并把自己的名字深深地刻在了人们的心里。

依靠自己的笔，托马斯·潘恩给美国独立战争带来的鼓舞作用比任何人都多。

凭借简洁有力而离奇有趣的文章，本杰明·富兰克林在文明史上留下了浓墨重彩的一笔，成就了不朽的名声。

一篇主题简单、结构明了却动人心魄的《葛底斯堡演说》，让亚伯拉罕·林肯永垂不朽。

凯撒、亚历山大、拿破仑、德国皇帝威廉二世，及几百位和他们一样的人，也都是推销大师。可惜他们推销演说的核心目的却是人类文明中最具破坏力的那种目的。他们推销的是战争，给人类带来血泪和苦难。

想让推销长期有效，就必须以合理的目的为基础！渴望掌握推销术的人啊，请你记住这一点：请不要推销武器和战争！

如今大师级的推销专家正面临着世上最大的机遇。经济危机给千百万的人带来心灵的伤痛，这些伤痛亟待医治，而这只有推销大师才能办到。全世界各行各业都在召唤新的领导、新的领导方式。这是伟大的重建时代，这里处处是推销大师的机遇，只要他们能围绕对大众有益的目的开展自己的推销工作便可，只要他们能在工作中释放自己全部的热情便可。

千百万人因为恐惧和犹疑而踟蹰不前。对心怀勇气、愿意竭诚服务大众，并准备着适应新的领导方式的人而言，这反而是绝好的机会。

在过去20年间常常听到的"强迫推销术"已经过时。各行各业里，积极的付出者将取代一心索取的野心家，推销领域亦不例外。

未来最重要的一个问题将是"我能为服务他人付出多少？"而不是"在不犯罪的情况下我能得到多少？"

大规模的经济复兴正在席卷全世界！

看不到这一点，只能说这个人缺乏长远眼光。经济和工业领域的旧秩序已被一扫而空，新的秩序很快便会取而代之。能看到这个变化、很快便轻松适应其变化的人，都是无比明智的人。

对贪得无厌的人施加在自己身上的压力，人们产生了逆反心理。这种憎恨不会一闪而逝，会一直持续，直到错误得到纠正而变成一股有组织的力量。在生活必需品和奢侈品都生产过剩的情况下，却有数百万的人饿死，这种令人痛心的场面，短时间内在美国不会再次遇到。

我们正在离开人剥削人的荒野，我们不会因为压力或胁迫放弃自己的权利，不会离开这条大道。

那些渴望成为推销领域或其他行业领袖的人物，也许能从这些客观事实或预言中获取一些帮助。富有想象力的人不会等时间来证明自己的能力，他们会预测未来可能会发生的变化，让自己适应新的状况。

各行各业中，无法适应经济震荡带来的巨大变化的人达数百万之多，这更说明我们须要找到一些基本的准则，并依靠这些准则回到有序发展的道路上来。想要恢复稳定生活，想要调整自己以获得满意的社会或经济关系，人人都须要用到一些推销术。因此，我们也有必要听听别人是怎么说这些基本准则的，他们对这些准则的实际应用又有哪些建议。这本书就是为了传授这些准则而写。

不论你是谁，不论你掌握了多少知识，想要成功，就必须成为一个优秀的推销员！你必须推销你的服务，你必须推销你的知识，你必须推销你的品格，你必须推销你自己。

在开始学习这些基本原理之前，请谨记：唯一能束缚住你的，是你自己的大脑。同时，也请记住，你有能力扫除自己创造的一切限制因素。

本书正是为那些不愿意为环境所束缚、不愿意为心理局限性所约束的人而写。

成功需要巧妙的营销

如果你酿的酒比邻居家的好，即便你住的巷子比他家深，人们也会络绎不绝地来你家买酒，但你应该知道，要让人们纷纷来你家买酒，首先你得让他们知道你家的位置，并通过合适的推销让他们知道你家的酒香。

亚瑟·布利斯班是一名普通的记者，能力比上不足比下有余。在威廉·伦道夫·赫斯特把他的名字印在自己名下所有报纸的头版上之后，他一跃成为美国首屈一指的专栏作家。我至少可以列出一百个比布利斯班更会写文章的人，但是这些人你一个都不认识，因为没有人为他们提供合适的营销。

在世界大战期间，我注意到一个名叫阿瑟·纳什的人。他是一个裁缝，在辛辛那提开了一家店，兼售布料。在生意濒临破产、走投无路的情况下他把自己的员工加为合伙人，允许他们分享公司的红利。我前往辛辛那提采访纳什，为他写了一篇新闻报道。这篇报道被全美国各家报纸和杂志争相报道，在之后5年的时间里，纳什得到了免费的宣传。纳什在十几年后去世，那时他早已经成了一个富翁，他的企业也成为同类企业中的翘楚。

认识凯特·史密斯的人都知道，她是一个给广播节目唱歌的可爱女生。除了一个好性格和一副好嗓门，凯特什么也没有，但她获得了泰德·柯林斯的赏识，仅仅是每周的薪水就已经高得吓人了，更别提电影和其他方面给她带来的收入了。

曾几何时，现在鼎鼎有名的埃德加·伯根和查理·麦卡锡只能在百老汇东游西荡，有活干的时候才能赚到一口吃的。有天晚上，他们出现在鲁迪·瓦利的节目中。以那次活动为起点，他们开启了成为电台明星的道路，最终成为最优秀的广播人物。

艾利·卡尔伯特森是一个桥牌高手，但也没有什么值得夸耀的成就。后来他的妻子帮他打理事业，为其设计营销策略。如今全美国各大报纸都竞相报道他的比赛。不仅如此，作为一名桥牌专家，他还赚取了丰足的财富。他如今的牌技也许并不比当年好，获得的报酬却要丰厚得多！

在整理成功法则这一学说的时候，我受安德鲁·卡耐基的差遣拜访亨利·福特。"你得好好观察福特，"卡耐基说，"因为终有一天他会成为美国汽车行业的主宰。"我来到底特律，第一次见到了福特先生，那时正是1908年。我细细地打量着他，心中颇不以为然地想，安德鲁·卡耐基这样精明的人怎么会在判断福特这一件事上犯如此明显的错误。30年过去了，我看着福特逐渐登上汽车行业的巅峰。在他惊人成就的背后，我看到了极为有组织、成系统、富成效的营销。在福特的营销团队中，对他帮助最大的当数福特现任的首席营销主管W. J. 卡梅伦，后者负责保证公众对福特的兴趣。除此之外，另外一位对其帮助最大的或许当数参议员库曾斯。从福特创业开始，我目睹了不少于一百位汽车生产厂商的昙花一现，他们之所以失败，是因为他们没有远见，不知道为自己召集营销专家。

说到营销专家，我并不是说广告宣传人员。营销是一回事，广告宣传完全是另一回事。我所说的营销是一种让个体在公众面前保持受欢迎状态的一种艺术。

艾维·李就是当年最伟大的营销大师之一。正是在他的帮助下，老洛克菲勒洗去了自己的臭名，在公众面前维持了良好的名声。我写过一篇短短的社论，称赞小约翰·洛克菲勒于1919年前往科罗拉多解决罢工问题时所做的人道主义工作。文章刚打印出来，连墨水都还没有干，我就接到艾维·李的电话，他邀请我去纽约与他会面。我见到他的时候，他什么客气话也没说，开门见山地提出给我一万美元的年薪，让我加入他的团队，给客户撰写类似的社论。营销专家的收入如此丰厚，是因为他们有敏锐的洞察力和强大的判断力，知道用什么力量来巩固客户的利益。我拒绝了艾维·李伸出的橄榄枝，但我也时时因为这个错误而懊悔，因为我意识到在艾维·李这样的天才手下学习几年的价值，将数倍于他为我提供的薪水。

鲁道夫·瓦伦蒂诺本来只是在百老汇四处跳舞为生，

每次只能赚几块钱。直到有一天，一位电影导演相中了他，并为他安排了一位厉害的营销专家。在此之后，瓦伦蒂诺就变成了屏幕里的大众情人。有声电影出现以后，几乎是一夜之间，无声电影时代的明星就被取而代之了，因为他们大多没有足够的演技饰演有声电影中的角色。无声电影里的大众情人之所以受欢迎，是因为巧妙的营销手段把他们推到了这样的位置上。有声电影的出现恰好证明了这一点！

1909年，西奥多·罗斯福从白宫卸任，随后去了非洲，他回来后的第一次公开露面安排在了麦迪逊广场花园。在露面之前，他精心雇了近1000名托儿，将他们分散安排在听众中，让他们在自己入场的时候鼓掌。整个会场都洋溢着这些托儿的热情，掌声持续了足足15分钟之久。其他与会者被这种暗示影响，又贡献了另外15分钟的掌声。毫不夸张地说，人们对这位美国英雄的热情让现场的记者纷纷倾倒，他们在报纸头条上用两英寸高的大字凸显他的名字，以示颂扬。妙哉！泰迪[1]对个人营销知之甚详，并且能巧妙地利用。这是他成为伟大的政治家的主要原因。

不用知道太多的宣传或个人营销策略，你就能看明白墨索里尼、希特勒是如何有效利用这些力量维持他们在公众眼中的崇高地位的。他们能用各种有利环境进行个人营

---

1 西奥多·罗斯福的昵称。——译者注

销，因为他们明白，在国内外民众心里留下深刻印象是非常重要的。

有好几年的时间，我自己公司的业务和营销事务都是我一个人负责，我只能眼睁睁看着自己的同行一个个超过我。现在我明白了，自己给自己当营销经理是一件愚蠢的事，就好比理发师给自己剪头发一般。理发师也能剪自己的头发，但是效果肯定好不了。自己当营销经理当然也行，但这么做，一般只会让自己陷入困境。这并非明智之举。

恰如其分的营销策略甚至能改变一条街道的名声，提高其店铺的租金。众所皆知，纽约的第五大道是商业中心。因为这一名声，这里商铺的租金极为昂贵。第五大道的名声也是第五大道联合会的营销结果。该协会精心制定了一个营销计划，将低端商业驱离第五大道。与之形成对比的是百老汇和第四十二街，这两处都沦落成为乞丐和流浪汉的天堂。百老汇的商铺租金只是第五大道的零头。

艾文·约克目不识丁，只是世界大战期间众多拒绝入伍的田纳西山民中的一个。他强烈宣称自己是"基于道德原因不肯服兵役者"，因此而吸引了很多人的注意，被各大报纸竞相报道。从战场上回来之后，他依然是个文盲，但他得到了一个非常聪明的营销专家的帮助，一跃成为一所大型山民学校的负责人。田纳西州府还用他的名字给一条干线公路命名。不仅如此，他还得到了全美国各地闻达显贵提供的资助和其他帮助。说实话，合理的营销是物有所值的。

不知道读者里面有多少人知道或听说过我所认为的美国最伟大的思想家。我大胆猜测，不到一半的人说得出他的名字。他家住田纳西的达拉斯市，职业是律师，名字叫作斯图亚特·奥斯汀·威尔。在我看来，他是继富兰克林·德拉诺·罗斯福之后，最适合当美国总统的人。我认为，当代没有谁的思想深度和广度能比得上他，从苏格拉底时代到阿尔伯特·哈伯德时代，没有哪位哲学家思想的灵活性、知识的多样性、判断的审慎性比得上他，但是威尔如此默默无闻，因为他没有利用专业的营销服务。请你记住威尔这个名字。以后你可能还会听到这个名字。如果你真的听到了他的名字，那肯定是因为哪位愿意为有识之士做宣传的人主动帮了他一把。

富兰克林·德拉诺·罗斯福的夫人出名不是因为有个总统丈夫，而是因为她自己。专业的营销专家在给她做营销的时候，将她宣传为独立于总统的个人。这样做是好还是坏，不关我什么事，但我知道依靠自己，她可以不虚度光阴，也能保持经济独立。或许有人认为，作为美国总统的夫人，她不需要专业的营销。罗斯福夫人却很敏锐，她知道一个人的地位再高、再重要，合理的营销都可以帮助自己更上一层楼。

那你有没有利用这些法子呢？

人生的一大任务就是向某些特定的目标推销自己。并非人人都是能力高强的推销员，因此，我们大多数人都需要有经验的营销专家的帮助，他们的职责就是保证我们在公众面前拥有良好的形象。

30多年前，芝加哥有一位雄心勃勃的年轻律师，名字叫作保罗·哈里斯，他提出一个绝妙的想法来终结律师不得登广告的规定。他召集了30个生意上的朋友，成立了扶轮社。通过该社团，他可以联系到各种各样的人，并通过自己与他们每周一次的私人联络，让他们变成自己的客户。如今，扶轮社活动已经遍及全世界，成为一股积极的国际势力。这种活动对其创立者而言当是有益无害的吧。

医生、牙医、律师、建筑师及其他一些职业人士，为职业道德所约束，不便为自己打广告，但他们可以从保罗·哈里斯的做法中受益匪浅。职业道德是一回事，建立生意业务又是另外一回事！让二者兼而得之，正是专业营销人员的工作。同样的道理在其他人身上也成立。如果想要走在别人的前头，那么在向这个世界提供服务的时候，就得想办法让需要我们服务的人注意到我们。若没有以合理的、有力的、持续的营销为后盾，即便你的酒比别人的香，你的酒也卖不出去。

拙劣的演员在百老汇四处徘徊，努力推销自己。齐格菲尔德能挖掘出坎特尔、威尔·罗杰斯、范妮·布莱斯，并将其推到顶尖的位置，这样的机会是难得一遇的。更好的做法是，不论你是谁，不管你能为这个世界提供什么服务，都不要坐待别人的"挖掘"，而是主动寻找最合适的营销高手，把自己的股份分一大份给他，让他动手给你做营销。

在写这个故事的时候，我的门铃响了。来访者是一位年轻男士，国内外的人都将他视为前途光明的作曲家和钢琴家。他花了两个小时劝说我，想让我相信老派的做法才是充满美德的，艺术家应该在阁楼里忍饥挨饿，不该让自己的作品变得商业化。他非常认真地告诉我，《思考致富》一书所说的致富道理是对伟大艺术家的亵渎。在他看来，艺术家的主要职责应该是心甘情愿为艺术而生。我蛮喜欢这个年轻人的。他性格可亲，脑子聪明，对古典音乐有着真挚而热切的感情，但我也为他感到万分遗憾，因为他这种扭曲的生活观会让自己的梦想大受影响，无法让自己成为人们心目中真正伟大的音乐家。若不能给自己找一群善于推销的人，他这样的天才或许也只能默默无闻地度过一生。还有比这更令人心痛的悲剧吗？

这个故事很有讽刺性：我笔下的这位天才之所以来我家，是为了拿我穿过的一套旧西装外套，我曾说过要送给他！我的天哪，就是因为他不相信专业的营销团队，才会沦落到靠人救济的地步。

不久前，我和我的经理一起去找报业协会的一个编辑协商个人作品的销售问题。这位编辑告诉我，文学领域的每一位名人都是通过巧妙的营销才走上巅峰的。他特别提到为各大报纸写轻松有趣的每日专栏的弗兰克·克雷恩博士。"克雷恩博士第一次找到我们的时候,"这位编辑说,"他只能四处兜售他的东西,《乡下周报》偶尔会刊登他的文章,可是付的稿费还不够养活他自己和家人。"因偶然机会,我得知克雷恩博士在去世之前,每年缴付的税金就高达7.5万美元之多,这一切都归功于一位营销专家将他的幽默文章推销给报社的专栏。

阿尔伯特·哈伯德通过写作和推销自己的作品获得了可观的财富,但是同时代的有名作家可不仅有阿尔伯特·哈伯德一个人。只不过,他是为数不多既会创作文章,又会给自己的文章做营销的人。对我们大多数人来说,拥有创作能力就算很幸运了,更遑论拥有推销自己作品的能力。

我用了四分之一个世纪的时间打造了个人成就的学说,并把自己从安德鲁·卡耐基、亨利·福特、托马斯·阿尔瓦·爱迪生、约翰·沃纳梅克及其他同样成功的人身上获得的经验都写进这套理论,但我发现,与那些没花多少时间就能写成一本书的人相比,我赚到的钱简直少得可怜。最后我终于明白了原因,并让太太来管理我的事业,而之前都是我自己管理的。我不得不承认,采用这样的做法后的第一年,我得到的认可就比之前那么多年的加起来都多。

每个人都有责任和义务为自己提供某种形式的营销,帮助自己实现事业上的成功。R. L. 莎普用优美的诗句表达了同样的意思:

> 是不是很奇怪，王子和国王，
> 在圈子里跳来跳去的小丑，
> 一如你我的凡人，
> 怎么会是永恒的打造者？
> 人人都拿到了一份规则表，
> 一大块不成形的东西，一袋工具，
> 在生命流逝之前，
> 人人都必须雕出一块绊脚石，
> 或是一块垫脚石。

个人的发展不能建立在恐吓或恭维的基础上。

成功人士应当具有比这二者更为坚定的品质。嘴巴说得再好听，也不如切实可行并坚决贯彻。

我自己很讨厌任何拍马屁的行为。如果我是靠溜须拍马来做事情，我会立刻被人贴上"骗子"的标签，而在与人交易的过程中，坦诚相见可以给我带来更好的结果，因为我发现直截了当地交易不仅能帮我赢得友谊，还能让友谊维持长存。

我最宝贵的财富就是一位朋友，获得她的友情，我没有溜须拍马，而是用了审慎地分析，这位朋友就是我的妻子。为了赢得这份感情，我并没有夸她如何美丽、聪明或机智，而是帮她看到她的各个弱点，并为她提出解决这些弱点的建议——与我结婚！

庸人喜欢被人奉承，这谁也不能否认。有思考能力或者自认为有思考能力的人都会厌恶恭维，因为那是对他们智商的一种侮辱。

若有人开口奉承你，就说明此人想从你身上得到一些东西。奉承话就好比一种麻醉剂，麻醉了被奉承人理性思考的机制，常常给阿谀者带来暂时的好处，但是麻醉剂的效果消散之后，受害人就会清醒过来，而且对阿谀者充满憎恨。

恭维最多不过是一种廉价的心理骗术，骗子利用它诱惑他人，解除别人的警惕心，方便自己盗窃东西。恭维是一切骗子最主要的工具。利用恭维，狡猾的股票推销员每年能骗得数百万美元之多的金钱；利用恭维，别有用心的间谍潜入军人的内部，窃取秘密。

拜金和人品有问题的女人以恭维为武器，打破不为美色所诱惑的男人的防线。据说有一位很有名的脱衣舞娘，她有过多次的婚姻。因为擅长给人"灌迷魂汤"，她每次都能"钓"到一位百万富翁跟自己结婚，但是这种婚姻持续不了多久。以恭维为基础的一切都会转瞬即逝，因为恭维这种诱惑人的工具是魔鬼设计和使用的东西。

能为恭维所影响的人，在战斗一开始的时候就已经一败涂地了。从塞缪尔·英萨尔将更多的注意力放在大歌剧和歌剧明星身上，而不是自己的事业上的时候，他就已经踏上失败之路了。

有些主管喜欢给自己找一群只会点头称是的下属，但如果能雇用一名"反对派"员工，他们的位置应该会比较安全。人类的自我意识是一种奇怪的精神装备。它最喜欢对恭维作出回应，所以我们应当给它加上保护设施，抵制各种恭维的诱惑。

人们最常犯的错误之一便是向朋友寻求建议，即便你能"一定程度上影响这个朋友，赢得他的友谊"，也无济于事。这是因为这些所谓的朋友，大多只会恭维，不会说实话。他们不愿意得罪人，说出的意见往往没有什么价值，因为这些意见大多是误导人的。

不论你是政治家还是出租车司机，大多数情况下，逢迎都不会给你带来太多的帮助。

如果一个人能在自己义务范围之外为他人提供更多、更好的服务，以此让自己变得不可或缺，他就会获得更好、更长久的结果，比那些通过逢迎得来的要好得多。

如果你想要在人生中成功地推销自己，请你先看一下自己能给尽可能多的人提供什么样的有用的服务。找到之后，你就不用为了争取客户、影响客户而去学习溜须拍马的技巧了。更重要的是，通过良好服务赢取的客户才是长久的客户。

若能让人人都喜欢你，确实会给你带来很大的好处，逢迎却不是实现并维持这个目标的好办法。有些人拥有讨人喜欢的个性，这种个性对他们来说是一笔价值连城的财富，但是讨喜并不是依靠说空洞的甜言蜜语或恭维话得来的。讨喜的性格包括21个要素，你可以通过努力培养出这些要素。在后文中你可以找到这21个要素的详细描述。掌握它们并使之成为你自己的财富，这样你就能吸引新的朋友并维持友谊了。

最厉害的出庭律师都知道，逢迎法官的行为绝对会给自己的案子带来灾难。最为成功的律师永远都是那些依靠事实来辩护案子的人，而不是一味逢迎的人。真正成功的商业主管亦是如此。你不妨设想一下，一个人靠拍亨利·福特的马屁能得到什么？

在人生中推销自己的时候，以溜须拍马为手段是很危险的。可能有人觉得我太过于强调这个危险，但我这么强调，也是因为太多的人被唆使靠溜须拍马来取得好处，这样做会带来严重的后果。我认为这种人生观会给人们带来无穷的后患，对刚踏入商界尚且缺乏经验的年轻人而言，这样做尤为危险。

我们应当以一篇文章所述的"9条基本动机"为基础打造吸引力，以此来赢得友谊和影响他人，这种方法才比较有效和可取。若想攀登成功的阶梯并保持成功的高位，那就不要以逢迎为台阶，更妥当的做法是以这9条基本动机为攀登高峰的台阶。

不论你从事何种职业，你的成功大多不外如此，即在与人相处的时候，能够在尽可能不引起摩擦的情况下完成协商。掌握、理解并运用9条基本动机，你就可以最大限度地减少别人的误解、抵触。遵守这9条基本动机，那不论你来自何行何业，你都会成为一位伟大的推销员。

为避免你把这些建议当成干巴巴的说教，请恕我在介绍如何在生活中利用谈判哲学的推销术原理之时，会引用一个或多个例子来介绍每一种情况。

我先说说自己是如何运用这些原理的。

在大萧条发生的第一年年底，我已经两手空空，失去了大部分的财富。那时人们对书本失去了兴趣，只关心怎么填饱肚子。我关掉自己位于纽约的办公室，搬到了华盛顿特区，计划在那里等待经济危机的过去。

那段时间简直度日如年，经济危机并没有过去，反而变得越来越严重。最后，我决定不再坐等大萧条的过去，而是到演讲台上做回自己的工作，为那些也在经济危机中受创的人们提供有用的服务。

我决定以华盛顿为起点，但在此之前，我得在报纸上刊登广告。广告的版面费超过2000美元，我却没有钱，也无法像往常那样从银行那里获得贷款。这样一来，我遇上了我们很多人都会遇到的状况。我急需一些东西，但只能通过自己的一张嘴来获得。

我来到《华盛顿星报》的广告部总监勒罗伊·林伦的办公室，向他介绍自己的目的。我在他面前有两条路可走：一是恭维他，向他赞美他负责的报纸是多么优秀，他在世界大战期间的履历是多么光辉，在我眼中他是一位多么优秀的广告人；二是把自己所有的牌都摊在他的桌子上，告诉他自己想要什么，为什么要这个，以及他为什么要给我提供这个东西。我选择了第二条路。

接下来，我就得决定是向赫伦坦白所有的情况，告诉他我窘迫的财政状况，还是不要细谈这些，跳过这些让人尴尬的话题。

我再次选择坦白。人生有时候就是如此，除坦白，别的方法都不能保证你获得想要的结果。

我依然记得我当时说的每一句话：

"赫伦经理，我有意在《华盛顿星报》上刊登一则广告，宣传一系列有关个人成就之哲学的公开演讲。我需要的版面大约收费2000美元，但我有个难以解决的困难，那就是我拿不出这笔钱。此前不久，我还拿得出这笔钱，甚至更多的钱都有，如今这些钱却被大萧条夺走了。

"我无法通过一般的商业信用评级申请贷款。要按评级结果看，我并不具备贷款的资格。我的请求是以事实为基础，在过去的25年中，本人一直致力于研究个人发展的理论，我在此准备了很多的相关证据，请评鉴。多年来，我积极与安德鲁·卡耐基、托马斯·阿尔瓦·爱迪生、弗兰克·范德利普、约翰·沃纳梅克、赛勒斯·柯蒂斯等人展开合作。承蒙这些人器重，在编写成功哲学的多年时间里，我有幸得到他们拨冗与我分享其人生经历。我与他们每一位交流而获得的价值都是如今我向您申请的信用额度的数倍。通过与这些人的合作，我准备给世人带来一种自我提升的哲学，这正是当前的世界所急需的。即便您觉得将此信用贷款授权予我须要冒一些商业风险，我也请求您像这些事业有成的人与我分享他们的经历那样，本着乐于助人的精神批准我的贷款请求。"

听完我简单的自我陈述，赫伦批准了我的贷款请求，并做了以下评论：

"我不知道你偿还所申请广告费用的机会有多大，但凭我对人性的了解，我想你会努力还清贷款的。我也相信从爱迪生和卡耐基这样的人身上学到的哲学必然是有用的，是此时的人们所急需的。同时，我也相信既然你能让这些人腾出宝贵时间，你的价值必然比你向《华盛顿星报》申请的信用额度要高得多。把你的广告拿来，我帮你登。过后我们再与信用部经理谈。"

在还清广告费之后我再次拜访赫伦，与他进行了一次很亲切的私谈。我问他能不能毫无保留地告诉我，为什么在我告诉他自己的财政窘境，并且没有提及任何偿还费用的能力之后，他还是批准了我的贷款请求。

他的回答很有启发意义。"我允许你贷款，"他说，"因为你没有试图掩盖自己的财政窘境。你没有做任何的诡辩，也没有只展现自己光鲜亮丽的一面。"

想想看，如果我没有坦白，而是用别的方法求助赫伦，结果会怎样？

旧时的推销员总是带着香烟、美酒及好笑的故事来取悦潜在的客户，而这一切都已为电影、色彩鲜艳的图纸和表格所取代。

你可以通过"9扇门窗"来影响别人的想法，但没有一扇门窗可以叫作"逢迎"。这9扇门窗就是影响他人的9条基本动机。

在你阅读和学习本书的时候，请记住，这不是一本教人溜须拍马的书，这不是一本充满笑话和陈词滥调的书，这也不是一本写心理骗局和戏法的书。相反，这是一本以人生现实写就的书，书里的道理都来自最优秀领袖的人生经历。

向肯说实话的人征求意见，即便他们的话会让你受伤。只听好话不会帮你取得想要的进步。

推销大师的策略

推销行为是从动机这一颗种子中萌生而来的。种子必须具有生命力，否则播种的土壤再好，也不能发芽。同样道理，动机也应当具有生命力，否则它就无法促成推销。如果一个人懂得如何为动机注入生命力，他就会成为一个推销大师。称之为大师，是因为他能够抓住潜在消费者的想象力。

当真正的推销大师把合适的动机刻画在潜在消费者的脑海中之后，该动机就会像面包里的酵母一样，在消费者心中发酵。举个例子：

哈珀博士在担任芝加哥大学校长一职的时候，想在校园里建一座新楼，其预算为100万美元。他能动用的资金不多，大学的年度预算里也抽不出足够的钱。分析完所处情况之后，哈珀博士知道他只能从学校外筹集这100万的资金。

这位推销大师是怎么做的呢？

哈珀博士并没有要求富人捐款，他根本无意发起捐款，而是决定通过推销一次性筹到整笔资金。在他的设想中，他会亲自出马承担起此次推销任务。

首先，他制定了一个行动计划（注意，推销大师之外的人经常失败，就是因为没有制定明确且可行的计划）。计划进一步细化之后，名单上只剩下两位候选人。他决定从其中一位那里筹到建楼资金。他的计划构思极为巧妙，当然，也有功亏一篑的可能。他是怎么做的呢？

他选中两位芝加哥的百万富翁为捐款的候选人，这两人是死对头。是的，你应该已经看到了一些苗头，但请继续读下去，看看这位推销大师是怎么操作的。

其中一位候选人是芝加哥电车公司的董事长，另一位则是通过敲诈这家电车公司及其他手段获得巨额财富的政客。

哈珀博士对潜在客户的选择可称完美（注意，一般的推销员往往做不到这一点。他们在选择潜在客户的时候就缺乏敏锐的判断力）。

哈珀博士花了几天时间反复斟酌自己的计划，并在脑海里小心预演自己的推销演说，而后才开始行动！

他将最合适的拜访时间选在中午，在那个时候他出现在这位电车业巨头的办公室里。注意，为什么要选择这个时间点呢？他预计这位董事长的秘书会在这个时间去吃午饭，因此自己要拜访的人会独自留在办公室。这个预测是对的。看到外间办公室空无一人，他径直走进里间。董事长惊讶地抬头看着他，问道："先生，您有什么事？"

"请原谅我的不请自来，"哈珀博士回答道，"我是芝加哥大学校长哈珀。我看到外面的办公室空无一人，所以就冒昧地进来了。"

"哦，是这样，无妨，"对方答道，"哈珀博士，请坐。您的到来真是让本人感到不胜荣幸。"

"谢谢，"哈珀回答，"我正赶时间，如果您不介意的话，我就不坐了。我只是过来和您说一下考虑了很久的想法（动机出现了，请看哈珀博士是如何将之播种在肥沃的土壤里的）。首先，我想向您表示敬意，您给芝加哥人民带来了如此优秀的电车交通系统（缓解潜在客户心中的抵触），它在全美国都首屈一指。我突然想到，虽然您打造了这么一个不朽的作品，但在您过世之后，世人就会忘记它的建造者是谁（注意，大师再次提到了动机）。

"我认为您应该为自己建一座永恒的丰碑。我想到了一个办法，可以帮助你建造这样的丰碑，但遗憾的是，我遇到了一些困难（欲擒故纵，让潜在客户对自己的想法更感兴趣）。我的想法是以您的名字在大学校园里建一座美丽的花岗岩大楼，但是有几位董事会成员想要将此殊荣授予×先生（在此提到那位死对头的名字）。我个人还是倾向于您。"

"我对此非常感兴趣！"这位巨头说道，"请坐下，我们谈谈详细情况。"

"非常抱歉，"哈珀博士回答说，"一小时后就要召开董事会了，我得走了。如果您能够想到支持您的有力理由，请尽快电话通知我，我会在董事会上尽力为您争取。再见！"

哈珀博士转身离开。回到自己办公室的时候，他得知这位电车巨头已经打来3个电话要求哈珀博士尽快回电。博士当然乐见其成。他给电车巨头回了电话，对方请求列席董事会，亲自说明自己的情况。哈珀博士说考虑到有些董事会成员对他持有反对意见，不建议他这么做，还是由自己帮他说会比较"委婉"（进一步强化诱惑）。

哈珀博士说："明天早上给我电话，我会告诉您结果。"

第二天早上，哈珀博士一到办公室，就看到这位电车巨头已经等在那里了。他们密谈了半个小时。他们到底谈了什么，外人无从得知，但有趣的是，这一次轮到这位电车巨头当推销员了，"说服"自己的"客户"哈珀博士接受一张100万美元的支票，并请他尽力让董事会接受这张支票。

这张支票当然被接受了！

哈珀博士在董事会上说了什么话没人知道，但这座价值100万美元的大楼如今正静静地矗立在芝加哥大学的校园里。这座大楼正是以捐赠者的名字来命名的。

听说这个故事之后，我曾拜访过哈珀博士，问他为什么有些董事会成员支持用一位惯于敲诈勒索的政客来命名大楼。他没有说话，只是耸了耸肩膀对我笑，双眼露出奇怪的光芒。这个回应够明白了。所谓的反对意见，仅仅是哈珀博士编造的。为了让事情看上去更为"正当"，或许哈珀博士也确实让一些董事会成员产生过比较温和的反对意见。

让我们分析一下这个案例，确保不会遗漏重要事项。

首先，请注意哈珀博士没有采用强制推销。他完全依靠诱发动机来实现预期目的。毫无疑问的是，他花了几天时间制定计划。他选择的动机恰好是所有动机中最具诱惑力的那一个。其实在这个案例中，他用到了两条动机，分别是：

1. 追求名利的动机；
2. 复仇的动机。

哈珀一说，这位电车业巨头就意识到，作为公共资产的捐赠人，人们会永远铭记他，即便有朝一日他的躯壳化为尘埃，即便有朝一日他的公司的电车为其他的交通工具所取代，他的名字也将永垂不朽。同时，他也看到了对自己的死对头进行报复的机会（多亏有了哈珀博士的推销策略，他才能看到这个机会），即让对方失去获得殊荣的机会。

如果哈珀博士采用的是普通的办法，给这位电车巨头写信请求与之见面，这样就会给对方额外的机会，让对方猜测自己此举的动机。不需要太多的想象力，你应该也看得出来这样做的结果会怎样。普通的推销员大都只会这样做，要不然他们也只会出现在电车巨头的办公室里面，请求他给大学100万美元以"帮助学校走出困境"。

打个比方，假设哈珀博士不深谙动机心理学知识，也不是一位销售大师，他会怎么做？他在拜访这位巨头的时候很可能会说这么一番话：

"早上好，先生。我是芝加哥大学现任校长哈珀博士。我希望能占用您几分钟时间（一开口就请求别人帮助，而不是为别人提供帮助！这样不利于缓解潜在客户心中的抵触）。我们计划在校园内新建一座大楼，目前还缺少100万美元的资金，我想您或许愿意捐赠这笔钱。您的事业如此成功，您的电车公司为您赚取了丰厚的利润，这一切都是因为公众对电车公司的支持。现在，您也应该为公众做一些事情，以回报他们对您事业的支持。"

请你想象一下这个场景。这位电车巨头大概会不耐烦地坐在自己的座位上，翻弄着桌面上的文件，努力找拒绝的借口。博士的话稍有停顿，他就会马上接上话：

"非常抱歉，哈珀博士，我们对此爱莫能助，我们的慈善预算已经用尽。您也知道，我们每年都向社区福利基金捐赠大笔资金。今年实在是无法再做任何捐助了。再说，100万美元的数额也太庞大了，我敢肯定董事会不会批准这么高额的慈善施舍。"（他又把皮球踢给董事会。）

看到这个词了吗，"慈善施舍！"

你看，如果推销演说做得不好，哈珀博士就会让自己陷入祈求别人施舍慈善捐款的不利境地，而诱发他人采取行动的9条基本动机里，并不包括慈善，但如果你能让"慈善"这个词变得不那么卑微，给它赋予荣誉和名望的意味，就会带来截然相反的结果。能做到这一点的只有推销大师。

两种不同的说法：一种充满智慧，另一种则是那么鲁莽。

科学设计的销售行为堪比艺术家的画作。艺术家在画布上一笔又一笔地勾勒出轮廓，填充上色彩，而推销大师则是用语言描绘出自己推销的东西。潜在客户的想象力是他挥洒的画布。他先是大致勾勒出图画的轮廓，然后再用各种想法往里面添加细节。在画面中央的焦点位置上，他用清晰的笔触勾勒出动机！画家的每一幅图画都应当具有一个动机（或者主题），成功的销售行为亦是如此。

堪称艺术家的推销大师不是仅在潜在客户的心中描绘出大致的框架，还要画出细节，不仅要让潜在客户在脑海里看到最终的作品，还要让其看到一件令自己满意的作品！而决定这幅画能在多大程度上满足客户的，正是动机。

让业余人士或小孩画一匹马，你或许能认出他画的是马，但要让艺术大家画一匹马，看到此画的人不仅能认出他画的是什么，还会惊呼道："画得太棒了！简直栩栩如生！"这是因为艺术家能在自己的画作里注入活力、现实和生命。

业余人士和艺术大家之间的差别就是这么大，自诩为推销员的人和推销大师之间的差别也是这么大。无能的推销员总是匆匆忙忙地描绘出所售商品潦草的轮廓，没有给画面注入动机。他只会说："看到没？这就是了，是不是一目了然？你买不买？"潜在客户并没有看见这个推销员藏在脑子里却没有说出来的那些东西。即便他看见了，也不能激起购买欲。一个潦草的或者不完整的、没有生命力的画面，是无法勾起他的购买欲的。这样的推销员没法在顾客的心里植入购买的欲望。

正因如此，他也就无法取得想要的结果。

推销大师绘制的画面则完全不一样。他不会忽略任何细节。他不吝笔墨给自己的画面增添色彩，描绘出和谐而完整的画面，紧紧地抓住潜在客户的想象。他围绕动机作画，让动机成为整个画面的焦点。这就是大师级的推销术！

不久之前，一位优秀的推销大师到我这推销人寿保险。人人都知道人寿保险非常抽象，看不见摸不着，是世上最难推销的商品之一。你看不见它的影子，闻不到它的气味，尝不到它的味道，也感受不到它的存在。除了这些不利因素之外，你还得明白，在某些情况下，得人死了才能拿到赔偿金。即便如此，得到赔偿金的也是别人。

一般人根本就成不了成功的人寿保险推销员！

但这位大师并非等闲之人。经过充分的研究和准备，他已经变成了一位推销大师。他熟知如何用最快、最有效的动机来吸引人寿保险的潜在客户。他做了各种准备，精确地分析自己的潜在客户，根据不同的动机将其分成不同的类别，有针对性地用最合适的动机唤起他们的购买欲。

他在我面前展开一张看不见的画布，并以话语为笔和颜料，在这张画布上勾勒出我20年以后的生活，那时的我腰背佝偻、白发苍苍。在我的身边，他又画出我的家人。在这张画里，我的妻子从年轻、独立而充满活力的美丽妇人变成等待他人赡养的老妪。他用"等待赡养"这个词狠狠地拨动了我的心弦,这手法就像小提琴手拨弄琴弦那么纯熟。他并未就此停止作画。他又增添了另一个画面,我仿佛看见已经死去的自己直挺挺地躺着!当这位大师说到"死去"的时候,我不禁感到不寒而栗(他利用"恐惧"这一动机刺激我,这是9条基本动机中最强有力的一条)。棺材边站着我的妻子,多么无助的一位老妇人。他知道我深爱我的妻子,我肯定要为她的未来多作打算(利用9大基本动机中的"情感"刺激我)。

只有艺术家才能绘制出这样的画面,它如此地逼真,到现在仍让我感到心有余悸。

当晚上床睡觉时,这幅图画依然萦绕在我脑中。它带来的噩梦让我辗转反侧、痛苦呻吟,想要挣脱而不得。这幅画在梦中折磨着我(在画中注入"恐惧"这一动机后,这位推销员让我的内心倒向了他)。

只有艺术家才画得出这样的画,但是,艺术家并非天生的,而是后天培养的!或许有人生来就具备艺术创作的潜能,但只有掌握了和谐的布局、清晰的轮廓和美丽的色彩,他才能变成一位成熟的艺术家。同样地,销售大师也不是天生的,而是后天培养而成的。要成为大师,他们须要学习各种表演技巧、推销技术,他们须要学会用专业的方法分析客户和他们需要的商品。

哈珀博士也不是天生的推销员。他个头矮小,其貌不扬，但通过学习人性及打动人心的动机，他成了一位伟大的"推销员"。这正是那些想要在销售方面成为大师的人必须掌握的技能。人们常说推销员靠的是"天生本事，而不是后天培养"，此话不仅不合时宜，还大错特错。我曾经为3万名推销员提供培训，他们向我证明推销员是可以通过后天努力培养而成的。

在当推销员培训师的时候，我曾有幸与多达100位的推销大师有过密切往来。除他们之外，我还认识数千名从事推销工作的其他人，但大都是只会催下订单的普通推销员。

推销大师和只会下订单的普通推销员给企业带来的利润天差地别。约翰·沃恩·盖茨一年赚取100万美元，工作却比大多数年入3000美元的推销员轻松得多。他可谓是一位艺术大师。钻石大王布雷迪轻轻松松地将自己对钻石的酷爱变成赚钱的能力。他亦是一位艺术大师。这二位（以及其他可以与之比肩的人）的成功靠的是技巧和方法，而大多数普通推销员只会蛮干。

推销大师能利用五感中的一种或多种巧妙地在潜在客户的脑海中勾勒出一系列的画面。只有足够清晰、构图精巧、植入恰当动机的画面，才能打动潜在客户。

推销大师在潜在客户的脑海中绘制图画的时候，会尽可能调用多种的动机和感觉。他们常常用例子和真实图片介绍自己的产品，而不仅依靠口头描述，因为他们知道如果自己的推销演说能调动客户五感中的多种，能在他们的脑海中植入多种购买动机，自己的推销工作就会变得更容易。

大师级推销术以动机为核心！只要你能在推销演说中注入恰当的动机，那么在你开口的那一刻，你的推销就已注定成功。

从某种意义上说，所有的推销都不外如此。动机决定人们要不要购买产品！请围绕合适的动机展开你的推销演说，这样的推销才会必然成功。

请记住，一般情况下，你必须主动向潜在客户的心里植入动机。大多数人都没有足够的想象力或意愿主动产生购买你的产品的动机。意志薄弱的人，容易受引导而购买产品。对大多数人而言，推销员必须巧妙而有力地在他们的心中植入一个有足够说服力的动机，他们才会被打动。

表演技巧并不仅是推销艺术的重要组成元素之一，对其他行业而言，也一样重要。

表演技巧好的人可以将生活中司空见惯的事情演得精彩纷呈，让它们变得独特而有趣。要有优秀的表演技巧，你得有足够的想象力将事物、人物和环境组织起来，形成精彩的剧本。

利用优秀的表演技巧，罗杰·巴布森从干巴巴的统计数据和单调的数字序列中创造了巨额的财富。通过平面图和合适的插图，他让数据变得会说话。他的成功几乎全部归功于他的表演能力。

西奥多·罗斯福是白宫史上最有趣的总统之一，虽然也有很多人质疑他是否称得上最有智慧、最有能力的总统之一。他之所以受人欢迎，是因为他堪称表演大师，深谙宣传和魅力的重要性，并将这两点利用到极致。

卡尔文·柯立芝或许是美国史上最无趣的总统，严肃而内敛。西奥多·罗斯福则不同，热情而充满活力。不仅如此，他还很懂得展现自己的魅力。即便有朝一日人们将"北安普敦号"忘之脑后，也依然会津津乐道地谈起罗斯福，因为罗斯福懂得如何将生活中平淡无奇的事情变得戏剧化，使之凸显而出，吸引人们的注意。伟大的个性，必然能为人所铭记。

人们对个性和理念的接受速度，比对商品的接受速度要快得多。正因为如此，别人做不成的交易，善于表演的推销员就能做成。不懂得表演、不具有性格魅力的人寿保险推销员往往只能屈居末尾。懂得表演技巧且富有人格魅力的人寿保险推销员，不须要依靠数据，也不须要提及保险条款（因为没必要），就能卖出任何东西。他的成功，依靠的是理念，他用理念绘制诱人的图画，勾起潜在客户的兴趣。

懂得表演的人能有效利用热情。不懂表演的人对热情则一无所知，只会靠陈述干巴巴的事实来推销自己的商品，想要以此打动潜在客户的理性，但是，大多数人都不太会被理性打动，他们只会被情绪或感觉动摇。如果一个人无法深深地唤起自己的情绪，他也不可能在情绪上打动他人。

若能成为成功的推销员，你在别的领域也几乎会无往不利。

威尔·罗杰斯对世界要闻的评论让他广受欢迎，因为他知道如何把事情讲得激动人心，所以他的评论总能迎合人们的心境。这已经超出了表演技巧的范畴了，算是更高层次的推销术。

亚瑟·布利斯班是美国稿酬最高的报纸专栏作家。他年收入超过50万美元。通过撰写专栏就能得来这么多稿酬，是因为他能够将人们思考的问题或者想要思考的问题写得扣人心弦，能够将当日的新闻写得异常精彩。

销售主管应当激发下属推销员的表演技巧，自己都不具备高超表演技巧的销售主管注定会失败。

演技好的人所做的销售演说，本身就是一场表演，它像一场演出那么有趣。不仅如此，它会像一场精彩的演出那样拨动潜在客户的心弦。拥有良好表演技术的推销员可以随心改变潜在客户的心理，化被动为主动，而让客户转变态度。他靠的不是巧合或运气，而是事先周密的计划。不论在刚接触的时候潜在客户处于何种心理状态，演技好的人都能化解其抵触心理。更重要的是，演技好的人十分明白在客户的态度得以扭转之前，绝不能将销售推向高潮或达成交易。

农民若不在播种前整理好土地，就无法获得丰收。同样道理，如果潜在客户的态度处于消极状态，推销员就无法在他的心中植入购买欲的种子。懂得表演技巧的推销员会像农民整理土地那样，认真而科学地调整潜在客户的心理状态。如果做不到这一点，他就不是合格的推销员。

一位男士坐在自己的办公室里，激动地和电话那头的妻子争吵。这时候，一位推销员走了进来。电话打完后，男士扭过头朝着推销员发火："你到底想要什么？"这位推销员没有因为他的大喊大叫而感到气馁，他露出温和的微笑缓缓说道："我办了一个家庭生活培训班。"这两个人花了足足10分钟时间谈论家庭，之后这位推销员将话题巧妙地转移到自己的产品上，最后拿走了一笔价值一万美元的订单。这就是演技加上推销术的魅力。在这个案例中，如果推销员对表演技术一无所知，那等待他的可能就是失败，但这位推销员深谙其道，成功地将不利的条件转为对自己有利的条件。

通过教推销员推行铝制厨具的理念，威廉·伯内特成功地实行了一项推销战略计划，5年时间里收获了500万美元。他的整个计划用一句话就能说明白，那就是：教自己的推销员组织家庭主妇俱乐部，并向她们推销铝制厨具。

具体地说，这个计划就是邀请社区里的家庭主妇到其中一人的家中参加午宴，所有费用由推销员承担，午餐也由推销员准备，所用的厨具和餐具则是他要推销的商品。午宴之后，推销员帮助这些家庭主妇下订单，这些订单大小不一，价格在 25 美元至 75 美元。

正是这么一个推销战略计划让伯内特的公司扭亏为盈。作为一名推销大师，伯内特摒弃了之前挨家挨户上门推销的低级做法，仅仅用 5 年时间就赚取了数百万美元的财富。

请注意，他的推销员卖的是成套的铝制厨具，而不是零零散散的几件炊具，而且每次卖出的产品都不止一套。每次午宴之后，推销员都是对着一群客户进行推销。配合举办午宴的主妇往往是第一个下订单的人，其他人则紧随其后。

你或许已经发现，这本书多次强调以恰当的动机为核心精心设计推销战略或推销计划的重要性。推销大师和普通的推销代理之间在许多方面存在差距，其中一个方面就是推销大师深谙 9 条基本动机，并能以其中的一条或多条为基础制定推销计划；而销售代理一缺乏动机，二没有计划，他只会依靠"蛮力笨拙地"推销产品，成不成全凭运气。

接下来我们会谈到推销大师的特点及推销术的基本法则。前文所述主要是让读者熟悉这些法则，明白那些成功人士是如何运用这些法则的。

在后面，我们将详细描述推销大师必备的能力，并讨论这些能力要如何培养，如何有效运用。

推销大师应有的素质

成功的推销是由多种要素组成的,其中大多数都属于个人素质,与推销员本人息息相关,与推销的商品、服务或者与推销员所属的组织机构关系不大。

我们在此对这些要素一一进行分析。

要培养或形成这些素质,你须要做到以下两点:第一,通过自省分析,发现自己具备哪些素质,缺乏哪些素质;第二,努力培养这些素质。

所谓的心理特征,大都有其生理基础。很多优良的素质都是可以通过做一些相关事情来培养。科学已经充分证明心理状态可以反映生理状况,身体内部的化学和物理因素会影响个人情绪、感觉和思维,而旧时的心理学往往单纯地将后者划分到精神领域中。

包括约翰·布罗德斯·华生在内的科学家已经证明思维与言语是密切相关的。华生提出思维实际上不过是未说出的话语,思考只不过是高度有组织的生理活动。

所以说想要在自己的大脑和性格中植入什么样的东西,第一步要做的就是明确告诉自己。

这样做会让你受益匪浅。

第二步与第一步有相似之处，它也是一个生理活动，即做自己想要做的事情。经验是我们最好的老师。经验不仅可以让我们的身体形成习惯，也能让心理形成习惯。

做完这两点，你可能会问，推销大师不可或缺的精神素质有哪些呢？

下面是每个正常的、有理智的人都可以拥有和运用的优良素质。这些素质有很多，只能慢慢来掌握。因此，在细细思考要让自己的身体具备什么样的能力之前，还是让我们先把不可或缺的东西都列出来吧。

1. 身体健康。身体健康非常重要，没有它，大脑和身体都不能正常发挥作用。因此，请注意你的生活习惯，要有良好的饮食、适度的运动，经常呼吸新鲜的空气。

2. 勇气。勇气是各行各业的成功人士都必须具备的。毁灭性的大萧条发生之后，对于能在激烈的竞争中脱颖而出的推销员而言，勇气更是他们不可或缺的素质。

3. 想象力。想象力是成功推销员的必备素质。你须要预测与潜在客户见面的场景，甚至还要预测他们会提出哪些反对意见。你必须依靠丰富的想象力才能让自己感同身受地理解客户的立场、需求及反对意见。你甚至须要完全站在客户的立场上考虑问题，而做到这一点，你要有极为丰富的想象力。

4. 语言。你说话的语调应让人感到愉快。说话声太尖锐会让人觉得心烦，说话吞吞吐吐会让人听不明白。发音要清晰，内容要明确。怯懦的声音让人觉得你很软弱，坚定、清晰、自信而生动的声音则让人觉得你是一个充满热情、雄心勃勃的人。

5. 努力工作。只有努力工作，你才能将推销培训学到的东西和自己的能力转变为财富。你的身体再健康，勇气再多，想象力再丰富，如果不能在工作中用上，那它们也不值钱。推销员的收入往往取决于他在工作中付出的汗水和智慧。很多人往往会忽视这个成功要素。

这几条素质都很简单，没有任何特殊或引人注目之处，都是人们力所能及的，但是大多数推销员往往做不到全部五点。

有些推销员或许很努力、很聪明，也能充分发挥自己的想象力，被人连续拒绝后却会萎靡不振。在这种情况下，意志坚定、充满勇气的人会选择再次回来，百折不挠，打败那些受了挫折便半途而废的人。所以说，勇气是不可或缺的素质。

很多推销员都具备勇气、想象力，工作也很努力，但他们生活放纵，健康堪忧，无法胜任自己的工作。

有经验的销售主管认为成功的推销员还应当具备以下素质。

1. 了解自己所售的商品。推销大师会认真分析自己要推销的商品或服务，做到对其每一个优点都了如指掌。因为他知道，如果自己都不了解、不信任自己的产品或服务，是无法将其推销出去的。

2. 相信自己的产品或服务。推销大师从不推销自己都不相信的东西，因为他知道自己的大脑会将这种不信任传递给潜在客户，哪怕在介绍产品时说得再好也没用。

3. 推销合适的产品。推销大师会分析潜在客户及其需求，而且只推销适合客户、满足其需求的产品。如果一个人适合买福特汽车，即便他买得起更豪华的汽车，推销大师也不会向他推销劳斯莱斯。他深知，一笔糟糕的交易对顾客而言是个灾难，对推销员而言则是个更大的灾难。

4. 提供价值。推销大师索取的价值从不会超过产品真正的价值，因为他明白商誉和信用的重要性远远超过某一笔生意的。

5. 了解潜在客户。推销大师是一位性格分析专家。他知道9条基本动机中哪些最能够打动潜在客户，并围绕这些动机展开销售工作。推销大师还知道动机是达成交易的必要条件，如果潜在客户没有明显的购买动机，推销大师还会为之创造一个动机。

6. 判断潜在客户的资质。在未从以下几个角度对潜在客户的资质做合理判断之前，推销大师不会展开推销工作：

（1）潜在客户购买产品的经济能力；

（2）潜在客户对产品的需求；

（3）潜在客户购买产品的动机。

未对潜在客户进行资质评估即展开推销工作，是一个严重的错误，在导致推销失败的各大因素中排名首位。

7.缓解客户抵触心理的能力。推销大师明白，只有在成功缓解潜在客户的抵触心理，使之愿意接受自己之后，推销才有可能成功。正因为他明白这一点，他会先打开客户的心扉，让他愿意聆听自己的介绍，然后再努力推销产品，但很多推销员都做不到这一点。

8.达成交易的能力。推销大师会很巧妙地把顾客带到达成交易的时刻，并成功跨过这个时刻。通过训练，他能捕捉到适合完成交易的心理时刻。他很少问潜在客户是否准备购买产品，而是径直假设客户已经做好准备购买其产品了，并以此设计自己的言谈举止。在此，他充分利用了暗示的力量。只有在确定自己的推销能够成功完成的情况下，推销大师才会提出成交建议。他会巧妙设计自己的推销演说，让潜在客户认为他自己已经作出了购买决定。

推销员必备的素质中还有一些是与其个人修养息息相关的，其中包括以下内容。

1.讨喜的个性。推销大师懂得让别人喜欢自己，因为他知道不仅要让潜在客户接受自己的产品，还要让他接受自己这个人，否则生意就无法成交。

2.表演技巧。推销大师也是一位演技高超的演员。他能够用生动的推销演说触动潜在客户的心，用精彩的描述刺激潜在消费者的想象力，唤起其购买的兴趣。

3.自控能力。推销大师随时都在全面影响和利用大脑和感情。若连自己都影响不了，又如何影响潜在客户呢？

4. 主动性。推销大师深知积极主动的重要性并能充分利用。他不需要别人告诉自己要做什么，该怎么做。他可以利用自己丰富的想象力制定计划，并主动将之转化为行动。他几乎不需要别人来监督自己，一般而言，也没有人会去监督他们。

5. 宽容。推销大师思想十分开明，对一切事物持宽容态度，因为他知道开明的思想是取得进步的必要条件。

6. 准确地思考。推销大师擅长思考！不仅如此，他还会花费大量时间不厌其烦地了解实际情况，以此作为思考的依据。在掌握实际情况前，他不会胡乱猜测。他坚持以事实为依据形成自己的观点。

7. 坚持不懈。推销大师绝不会被他人的拒绝影响，他从不认可"不"这个字眼。对他而言，一切皆有可能。对推销大师而言，拒绝只不过是另一个信号，告诉他须要更真诚地进行自己的推销。他知道，客户总爱将直接拒绝当作最省力的办法。正因为知道这一点，客户的拒绝并不会给推销大师带来负面影响。

8. 信心。推销大师对以下几点充满信心：

（1）推销的产品；

（2）自己；

（3）潜在客户；

（4）达成交易。

不仅如此，他从不在缺乏信心的情况下展开推销工作，因为他知道信心是具有感染力的。潜在客户的大脑里的"接收台"可以接收到他的信息，将之当作自己的想法，并采取相应行动。没有信心，是成不了大师级的推销员的！

另外，还有以下几点很重要：

1. 观察的习惯。推销大师能够明察秋毫。他能体察到潜在客户说的每一句话、脸上表情的每一丝变化、身体的每一个动作，并准确评估其意义。推销大师不仅会观察和分析潜在客户的言谈举止，还会对他们的内心进行分析。一切都逃不过推销大师的双眼！

2. 服务水平超出人们的期望。推销大师提供的服务，不论是质还是量都会超过人们的期望。所谓多一分耕耘，多一分收获，他最终也会因提供超值服务而受益。

3. 从失败和错误中成长。推销大师从不言弃。他会从自己的错误中吸取教训，通过观察别人的失败获得经验。他知道只要加以分析，从每一次失败和犯错中都可以找到成功的种子。

4. 智囊团。推销大师充分理解该法则，并能加以灵活应用。依靠智囊团，他在成功的路上可谓如虎添翼（智囊团法则指的是"协调两个或多个个体，齐心协力地为同一个目标而努力"）。

5. 明确的目标。推销大师会围绕一个明确的目标展开工作。他从不把卖光自己的产品当作唯一的工作目标。工作中，他不仅在心里记住自己的目标，还为这个目标的实现设置了明确的时间框架。讨论自我暗示的时候，我们将会解释明确目标会给人们带来什么样的心理作用。

6. 遵循黄金法则。推销大师将黄金法则当作自己在交易中的行事基础，总是站在别人的立场上，设身处地地为他人着想。这一素质在未来会变得愈加重要，因为我们的商业道德标准已经因为大萧条而发生了变化。

在推销员必备的各项素质中，最不可或缺、最具价值的当是下面这一条。

充满热情。推销大师对工作拥有无限的热情。不仅如此，他还知道热情会让潜在客户产生共鸣，让他们觉得自己也充满热情并采取相应的行动。

热情是很难解释的事物，判断一个人是否有热情却很容易。大家都喜欢热情的人。这样的人充满斗志、人缘较好、志向高远。或许热情在多数情况下来自一个人对自己的信念，来自对工作任务的兴趣，来自工作中与人为善的行为习惯。我们可以把一个人身上的热情比作饰品托盘上那颗熠熠生辉的钻石周边笼罩着的光芒，它是那么自然，那么五彩斑斓，让人们不禁为之赞叹，为之倾慕。没了热情，气氛就显得那么沉闷，就像是一束光笼罩在同样大小的饰品上，或许有人愿意购买廉价玻璃珠子，但没有人会为之歌颂；不论贵贱，无论地位，人人都渴望获得钻石。

掌握这些推销素质，你就能成为推销大师！如果你希望成为一位推销大师，请认真学习以上每一条，确保任何一项都不会成为自己的短板。

通过努力，你可以获得上述每一种素质！

有些人认为"推销员是天生的，后天无法养成"。这种错误的看法我不敢苟同。推销术是一种艺术、一门科学，有志掌握这种艺术和科学之人，是可以得到它的。有些人天生就拥有一些良好的性格，他们很快就能掌握推销大师应有的各项素质，而有些人则须要花费更多的努力培养这些个性。

科学研究发现，我们可以对普通人的反应进行分类，可以通过不同的诱因激发每一种反应。

人的反应可以是底层的，科学家将之称为纯身体反应，或者由物理化学刺激产生的反应。例如，一个人被你踢一脚后，就离开你的办公室（纯身体反应），也可能说他身体内产生的一系列化学反应刺激他离开你的办公室。温度、氛围、身体的舒适度，甚至食物等，这些因素共同形成环境，激起人们的反应。

但抛开这些基础的纯物理反应，我们可以将刺激人们反应的诱因划分为三大类。本书中，我们仅讨论这些诱因，它们分别是：

1. 本能诱因；
2. 情感诱因；

3.理性诱因。

吸引人们购买衣、食、住所的诱因主要属于第一类，当然有时候也可以将人们的购买诱因划分为其他两类。

人们追求一切美好事物的诱因大多属于第二类，即通过情感诱因的刺激让人产生购买欲望。

爱情、婚姻大都与情感诱因相关。很多商品和服务都是依靠情感诱因来出售。例如教育、书籍、电影、音乐、人寿保险、化妆品、奢侈品、玩具等数不胜数的事物。

机械设备和科研专利的交易、投资储蓄则往往是受到理性的驱使。

打动人们的基本动机有9条，基本上人们的一切所思所为，受到其中一条或者数条的影响。在评判潜在客户的资格时，推销大师首先会做的就是找到一条最具逻辑的动机来影响潜在客户。所谓的9条基本动机分别是：

1.自我保护的动机；

2.追逐经济利益的动机；

3.情感的动机；

4.性冲动的动机；

5.追求名利的动机；

6.恐惧的动机；

7.复仇的动机；

8.追求自由（包括身体自由和思想自由）的动机；

9.创造（包括精神成果和物质成果）的动机。

以上动机的排列顺序基本反映了其重要性和有用性。

推销大师会对照这9条基本动机检查自己的推销演说，保证自己的推销演说能唤起客户的多条购买动机。推销演说触发的动机越多，便越能有效地打动潜在客户。

推销员必须以合理的购买动机为基础陈述自己的销售论点，否则他无法推销出任何事物。大师级推销专家考虑的是为客户提供有用的服务，而不是强制推销。强制推销的前提就是你认为客户没有任何购买动机。采用强制推销只能证明一点：该推销员拿不出任何合理的动机，来告诉潜在客户为什么该买自己的产品。

采用强制推销的人只会不停地吹嘘产品，而不是用动机刺激客户的购买欲。这种行为相当于绑架客户，推销大师对此不屑一顾。

推销演说若不能强调9条基本动机中的一条或多条，便会显得软弱无力，须要进行修改。我们认真分析了3万名推销员，发现大约98%的人都具有如下所述的几个不足之处：

1. 无法诱发客户的购买动机；

2. 推销演说及达成交易时耐心不足；

3. 无法正确定位潜在客户；

4. 无法缓解潜在客户的抵触心理；

5. 缺乏想象力；

6. 缺乏热情。

其中任何一个不足之处都足以毁掉一个交易的机会。其中"无法诱发客户的购买动机"则高居这6个不足之处的榜首。出现这个弱点，只能说该推销员不重视这一点，或者缺乏科学推销的知识。

成功的推销是以优良的素质为基础，你必须掌握并且发挥这些素质。推销失败则是因为不良的习惯，应努力克服。最常见的不良习惯如下。

1. 拖延症。迅速果断、坚持不懈极为重要，不可或缺。
2. 恐惧心理。内心充满某种恐惧的人无法成功推销自己的产品。恐惧的6种基本形式如下。

（1）对贫穷的恐惧；

（2）对批评的恐惧；

（3）对疾病的恐惧；

（4）对失去爱的恐惧；

（5）对衰老的恐惧；

（6）对死亡的恐惧。

在这6种基本形式之上，或许还应该加：害怕潜在客户会出口伤人。

3. 拜访客户而没有达成交易就放弃。拜访客户并不等于面谈，面谈也不等于达成交易，有些自诩为推销员的人却没有意识到这一点。

4. 把责任推卸给销售主管。销售主管不会陪着推销员去拜访客户。他没那么多时间，也没那么多分身。他的职责是让推销员知道要做什么，而不是陪着推销员一起去推销产品。

5. 惯于编造借口。解释是没有用的，订单说明一切！其他的话说再多都没用！切记！

6. 待在酒店大堂的时间太多。酒店大堂是推销员休息的好地方，但是如果休息的时间太久，你迟早都要卷铺盖走人。

7. 听别人倾诉困难而忘记推销商品。经济萧条是人们经常谈到的话题，但是采购员说起这个的时候，不要任由这个话题带歪自己的思路。

8. 推销的前夜饮酒过度。参加聚会当然好玩，但是这对你第二天的工作毫无帮助。

9. 将前途寄托在销售主管身上。只会催下订单的普通推销员喜欢守株待兔地等待潜在客户自己上门，推销大师则会抓住一闪而过的机会。这是后者能成为推销大师的主要原因之一。

10. 等待经济回暖。对早起的鸟而言，任何时候都适合捕食，它们不会等着别人把虫子挖出来给自己吃。你起码不能逊色于早起的鸟儿吧！如今这年代，订单可不会自己飘到你家里来。

11. 听到"不"就气馁。对推销员而言，"不"这个字只说明你该开始奋斗了。如果每个客户都说"好"，那就不需要推销员了，推销员就要全体失业了。

12. 害怕竞争。亨利·福特面对过无数的竞争，但是他根本就不害怕竞争，因为他有足够的勇气和能力，能以极低的价格推出四驱汽车，而同时期的其他汽车制造商只能纷纷削减开支度日。

13. 不务正业。长羽毛的鸡才会生蛋，想找鸡蛋你得去农场，要做生意你得去百老汇、商业中心。

14. 看股市报告。股市这个饵，还是让愿意上钩的人去咬吧。你得聪明一点，躲开这个钓饵。有时候做个美梦也无妨，可以幻想一下自己在股票市场上大发一笔而辞职不干的时候，销售主管脸上会有什么表情，但对股民而言，这样的机会万中有一就不错了！

15. 一味悲观。脑子里时时期待潜在客户会为自己打开大门，大门可能真就会为自己打开。人生很奇妙，你期待什么，它往往就会给你什么。

推销员应摒弃的习惯并不限于以上所列举的几项。有些人可能觉得列出来的这些有点太过琐碎，只与个别人相关，但也有人觉得它们有点讽刺挖苦。在读的时候，请记住，这些问题是为那些存在不良习惯的人而写，其他人无须感到被冒犯。如果你不清楚自己是否有以上这些不良习惯，请鼓起勇气，找到自己的销售主管，双手抚心，真诚地对他说你需要他的帮忙，让他帮你对着上述不良习惯检查一遍，不要有任何保留地将结果坦诚地告诉你。

以上不良习惯并非本人猜想，而是观察3万名推销员总结而来的，本人有幸对这些推销员进行过培训，还对其中一些进行过单独指导。

讨人喜欢的性格不应包含上述任何一条不良习惯，这一点无须赘言了吧！

自我暗示：推销的第一步

推销大师都知道，要做成一笔交易，首先要让推销员自己接受商品或服务，推销员对商品或服务的接受程度，决定了客户对该商品或服务有多相信。

自我推销十分重要，因此自我暗示也是推销术教学的一大重点。进行自我暗示后，推销员脑中对所售商品或服务充满了信念，同时对自己推销的能力充满自信。

自我暗示是一种内在的暗示。通过自我暗示，你可以将一种想法、计划、概念或信念灌输到自己的潜意识中。推销大师要向外传递自己对所售商品或服务的信心。

对潜意识进行反复的暗示，是向外传递积极情绪的最有效途径。

七大积极情绪：

1. 与性爱相关的情绪（之所以放在第一条，是因为这是最强烈的情绪）；

2. 与情感相关的情绪；

3. 与希望相关的情绪；

4. 与信念相关的情绪；

5. 与热情相关的情绪；

6. 与乐观相关的情绪；

7. 与忠诚相关的情绪。

影响这个世界的，正是情绪！从出生到死亡，我们大多数的活动都是因感觉而发生的。可以通过情绪吸引客户的推销员，其业绩是只会说道理的推销员的 10 倍之多。客户购买商品，一般是被一些与情绪密切相关的动机所打动，学会诱发客户购买欲的几大基本动机，你大概就能明白这一点。

推销大师可以从前文提到的 7 大积极情绪中找到天然的"万金油"，将积极情绪与暗示融合在一起，将积极情绪传递给潜在客户，影响他们，使之作出有利于自己的决定。

七大消极情绪：

1. 愤怒的情绪（快速出现、转瞬即逝）；

2. 恐惧的情绪（清晰显著、易于识别）；

3. 贪婪的情绪（微妙、持久）；

4. 妒忌的情绪（冲动、间歇）；

5. 复仇的情绪（微妙、沉静）；

6. 仇恨的情绪（微妙、持久）；

7. 迷信的情绪（微妙、缓慢）。

意识中出现上述任何一种消极情绪，都会让积极情绪受到严重打击。在极端情况下，若意识中同时出现几种消极情绪，一个人甚至会产生精神错乱。

理解了这一原理，你就能明白为什么在向别人推销东西之前，推销大师须要先把东西推销给自己。你也会明白为什么消极的推销员会那么容易被客户拒绝。推销员说得再多，也不如感觉、信念和想法作用大。请记住，让人们决定要不要购买商品或服务的，正是他们的感觉！

推销大师从不允许自己向外传递消极的思想，也从不会说消极的话。因为他知道，消极的暗示只会让潜在客户采取消极的行动，作出消极的决定。

通过积极地暗示，推销员可以获得一些对自己有利的条件，而批评或攻击则会破坏这些优势。思维中只要出现哪怕一点的消极情绪，就可能引来一大群的"同类"。正是明白这一点，推销大师才会注意不要往潜在客户的思想中注入消极思想。

经营有方的企业绝不允许推销员以打击对手为手段来取胜。销售主管们也知道，贬低对手或同类商品得来的生意称不上真正的生意，长远看来，这样的生意都存在隐患。

疯狂和愤怒就是一种消极情绪。在推销中掺入愤怒，不管你的愤怒来得有没有道理，都只会让你成为可怜的奴隶。与其在愤怒的时候带着情绪说话，不如保持沉默。

用插科打诨的方式表达讽刺、挖苦、消极的思想，可能会让推销员显得很俏皮，但是这种方法对推销商品没有什么帮助。在推销中，只说消极的话语就等于自杀。

过去的汽车推销员常常以打击竞争对手的产品为乐。被这种手段逼入绝境的汽车制造商超过了100家。直到后来他们才意识到伤害竞争对手的生意，其实就是伤害整个行业的生意。

人寿保险推销员过去常常采用"欺骗"的手法（诱惑其他公司的顾客弃保，转而买自己的保险产品），而聪明的人寿保险主管则禁止推销员采用这种做法。对大多数保险企业来说，用了欺骗的手法就等于走人。他们一旦发现采用这种手段的推销员就绝不姑息。

推销中的消极言语不仅会让潜在客户心生反感，还会使之释放出消极的情绪，继而影响对方的思想，让他们作出不利于推销员的决定。

对那些在收获之前愿意先奉献的人而言，如今这世上的机会比以前任何时候都丰富。

智囊团

无论哪个行业，巨大的成就都建立在力量之上。

力量是怎么来的？将知识组织起来，给予聪明的引导。智囊团法则能为我们提供无限的知识，运用智囊团法则，我们不仅能利用书本上的知识，还能将别人的知识为己所用。

"智囊团"指的是协调两个或者多个人的头脑，使之本着和谐的精神，为同一个明确的目标而努力。

该法则的实施分为两个阶段：经济阶段和心理阶段。在经济阶段中，通过与其他人的友好合作，你可以利用别人的知识、经验和努力成果。心理阶段你可以把自己的意识、思维和无限智慧这一更强大的力量关联在一起。遗憾的是，本书内容有限，无法详细描述智囊团法则的心理阶段（本人的《成功法则》一书对此法则有详细描述）。

经济阶段。请记住，无论何行何业，要获取成功，力量都是不可或缺的。同样也请记住，力量是有序组织起来的。记住这两点，你可以清楚地明白，只有让多个大脑协同合作才能获得巨大的力量。单打独斗，即便他的头脑再聪明，知识再渊博，都不可能拥有强大的力量，因为力量只有传递出去才能发挥作用。单个人所能传递或利用的力量是有限的。

在阅读本文之时,读者首先要理解智囊团法则的两个组成阶段。智囊团法则是获取巨大的、可持续力量的基础。因此,不论你是谁,若想成为自己所处行业的大师,都必须深刻理解并灵活运用这一法则,销售行业亦不例外。

亨利·福特的智囊团是整个流通领域中效率最高的一支团队。该团队由遍布全世界的数千个训练有素的经销商组成。在这些经销商的通力合作之下,福特先生能够提前预测汽车的产量及销售量。他甚至可以在汽车生产出来之前,就知道在哪里可以打开市场,市场有多大。这个由经销商团队组成的智囊团是他最宝贵的财富。这一点是无可辩驳的。福特先生巨大的成就,应当归功于他对智囊团法则的理解和运用。

我第一次注意到智囊团法则,要感谢安德鲁·卡耐基。他将自己巨额的财富归功于自己对这一法则的运用。他的智囊团大约由20名主管组成,这些主管将技术知识和个人经验结合起来,帮助他在钢铁行业获得成功。卡耐基先生告诉我,只要能成立一支得力的智囊团,在任何一个为公众提供有用的服务的行业,他都能获得同样的成功,积累同样的财富。

智囊团法则是获得巨额财富的基础。即便你的财富是继承而来的,它也是先辈通过智囊团法则获取的。

力量带来成就!

要获得巨大的力量,就必须运用智囊团法则。为了强调这一点,这一句话我已经重复了很多遍,因为它是你成为一个行业的精英、获得成功的基础。

专注力

要进入智囊团法则的第二阶段,即心理阶段,并发挥其作用,就必须遵守专注力法则。专注力指的是把注意力、兴趣、愿望集中起来追求某个具体目标。从这个角度看,你想必能明白要有效发挥智囊团法则的作用,专注力是必不可少的。一个团队想要依靠这两条法则取得实实在在的成果,这二者不可或缺。

让自我暗示发挥作用的,则是专注力。这一点在前文里已经说得很明白了,我们将之命名为"推销的第一步"。

或者我们可以换一个说法再次强调一番:

智囊团法则、专注力法则及自我暗示法则是三位一体的,我们必须依靠它们来影响他人。

"智囊团""自我暗示"和"专注力"相关的内容说的正是大师级推销术的核心内容。如果你不能完全理解并融会这些内容,那这本书的价值很大一部分你都把握不到。

本文讨论的是如何有效发挥专注力法则的作用。这一点至关重要,请务必做到。

专注力的定义:习惯于在思维中植入明确的目标、目的或追求,想象其画面,直到你找到实现它们的方法或途径。

专注力法则是推销术的组成部分之一，也是必备法则之一，它要求你在自己的意识中植入一个明确的主要目标、计划或追求，并将意识一直集中在这上面。

专注力法则是克服拖延症的不二法则，它也是获得自信和自制力的基础。

另外还有习惯法则。习惯法则与专注力法则相辅相成：专注力可以帮你养成习惯，习惯也可以帮你培养专注力。

之所以让你专注于一个明确的目标，就是为了对大脑进行培训，让它养成习惯，将注意力集中在与实现该目标相关的事物上。

不管是有意还是无意，人人都会使用专注力法则。如果你把自己的意识集中在愤怒、贫穷、疾病、狭隘的消极思想上并专注于此，那你迟早也会接受这些暗示并对其做出反应，将这些消极思想转化为消极的实物。

利用专注力法则的几条说明：

1. 在自己的思想中融入一种或多种积极情绪，并重复这个命令，培养这样的习惯，从而掌握和运用"自我暗示"的文章里所描述的几条法则。坚持这样的习惯，直到获得令人满意的结果。请记住，要掌握这一点，就必须时刻保持警觉。

2. 清空自己意识中的一切杂念。经过一小段时间的训练，你就能将自己的意识全部集中在想要关注的事物上。将注意力集中在一个事物并且保持集中状态，这种就是专注力。

3.将全部心思放在自己关注的目标上，满怀渴望地去实现你心中的目标。在全心专注于明确的主要目标之时，还须让心中充满信念，相信自己终会实现这一目标。

4.如果你发现自己的注意力不太集中，要及时将它拉回来，回到自己关注的事物上，反复这个过程，直到你能很好地控制自己，能够将其他无关的杂念排除在外。集中注意力的时候要在思维中融入情绪。

5.安静的环境最适合你进行专注力训练，这时候没有其他东西转移你的注意力，也没有惹人心烦的噪声。最适合进行专注力训练的时刻是下班后的夜晚时间，因为这时候的干扰最少。

6.在你满怀热情地有意识关注一个想法、计划或目标之时，热情可以唤醒你的创造性的想象力，并让其发挥作用。

利用此处介绍的专注力，坚持不懈地将想法、计划、目的或明确的目标传递给自己的潜意识，最后，在你专注的过程中，你的脑海里会闪现出一个可行的计划。

人生如此复杂，让我们徒费精力的地方有那么多，想要成功，我们就必须养成专注的习惯，并坚持不懈。

合理使用精力才能产生力量。只有利用专注力这一法则，我们才能合理地组织自己的精力。能在各个行业获得成功的人士，都能将自己大部分的想法和行动集中在一个明确目的或主要目标之上。这一点值得大家认真思考。

分析完智囊团法则，你会发现在两个或多个人本着团结协作的态度结为联盟，为一个明确的目标而努力之时，只有遵从专注力这一法则，这样的联盟才能有力量。

我曾对两万五千多名被贴上"失败"标签的人进行分析，我发现他们全都缺乏一个习惯，即无法根据专注力法则的要求将自己的思想集中在一个明确的主要目标上。利用专注力法则，导致失败的主要原因都可能得到控制或消除。这也说明专注力是非常重要的，是推销大师应有的能力之一。

几乎每个人都曾有过明确的主要目标，但是其中99%的人从未尝试去实现这个目标，因为他们不知道如何将注意力长时间集中在这个目标上。大多数人都怀有目标，但也只不过将之视为一种愿望，而不是作为一个明确、坚定、清晰的目标来对待。

如果一个明确的目标只是进入你的大脑，那它并没有什么用途。要让这样的目标产生永恒的价值，就必须通过专注力法则将它牢牢地烙在大脑里。

专注力可以培养你的毅力，可以帮你克服各种一时的挫折。大多数人都不明白一时的挫折和一蹶不振的失败有什么本质上的区别，因为他们缺乏毅力，无法在经历一时的挫折之后东山再起。其实，毅力只不过是融合了决心和信念的专注力罢了。

读了这些话，你应该能理解这一点，即明确的主要目标和专注力这两条法则是相辅相成的。其中一条法则的有效运用，离不开另一条法则的帮助。

每个人都为自己的习惯所掌控。正因为如此，懂得养成良好习惯，就能将通向成功的主要因素握在掌心，而帮助你养成良好习惯的，正是专注力法则。老话说得好："我们先养成习惯，然后习惯又左右我们。"

习惯有两种：心理上的习惯和身体上的习惯。这两种习惯都能通过专注力来加以控制。心理和身体一样，都容易受到习惯的影响。利用专注力法则，我们能让大脑专注于某个事物，等大脑养成该有的习惯之后，它就能够自动关注此物了。

一个人和习惯之间的关系，不是东风压倒西风，就是西风压倒东风。成功的人都知道这个真理，所以他会强迫自己养成良好的习惯，并且愿意为这些好习惯所左右。

习惯是在我们的每一次思考、每一个动作里一步步形成的。

任何一种思想都会进行外化，所谓"种瓜得瓜，种豆得豆"就是如此。

你当前所处的经济状况，并不是偶然造成的，而是真实地反映了你的思想、愿望和目标。在对那些富豪进行分析之时，我特别研究了一番他们财富的来源，无一例外地，我发现这些财富完美地体现了其主人的思想状态。

缺乏信念的专注力不会带来任何结果。充满信念的专注力则会产生近乎奇迹的效果。

在明确的主目标里融入信念要遵循的步骤，这解释起来难，做起来就更难了。只有将注意力倾注在你的期望、目标和目的上，你才会产生信念。

我曾有幸在弗兰克·温菲尔德·伍尔沃斯尚在世时拜访过他。在描述自己是如何打造出当时世上最高的建筑物之时，他说了这么几句话：

"我有一位建筑师，他负责拟订一系列计划。在长达6个月的时间里，我每天都会把自己关在办公室里，花半个多小时的时间看他拟订的计划。每看一次这些计划，我就感觉一座真正的大楼在日趋完工。直到有一天，我灵光一闪，筹措伍尔沃斯大厦建造资金的详细办法浮现在我的脑海里，我立刻就明白这座大楼肯定能建成。从那一天起，再也没有什么困难能阻挡它的实现。"

伍尔沃斯大厦之所以能屹立于世，是因为弗兰克·温菲尔德·伍尔沃斯将注意力全部集中到它身上，直到它外化为一个真实的存在。

本书说了很多条法则，很难说清哪一条是最重要的，但我每次谈到专注力这个话题的时候，我都觉得它之于成功，就像拱顶石之于建筑那样重要。

服务决定你的成败，但控制你提供何种服务的，不是你的老板，而是你自己。

主动性和领导力

主动性指的是做事情不需要别人命令便能选择明确的目标并围绕该目标制定计划。

主动性最大的作用就是帮助你选择智囊团。在选择智囊团的时候要慧眼判断,这样你的智囊团才会为你创造真正的领导力。

发挥主动性和领导力的时候须要遵守几个必要的步骤。以下所列为其中最重要的几步。

1. 明确自己的目标。

2. 听取顾问和智囊团的建议,为实现自己的目标制定可行的计划。

3. 根据所定目标,建立一个具有专业知识和丰富经验的团队。

4. 对自己和自己的计划充满信心,在计划开始执行之前即可以预测其成功的状态。

5. 遇到任何挫折都不气馁。一个计划失败,就换上别的计划,直到你找到可行的计划。

6. 不要臆想,应以事实为基础制定计划。

7. 不要因别人的影响而放弃自己的计划或目标。

8. 不拘泥于工作时长。为获取成功，领导应将足够的时间贡献给工作。

9. 一次只专注于一件事情。分心分神势必不能保持高效。

10. 尽可能把具体事项分配给他人，但要建立完善的机制监督下属，保证他们能完成每一个具体事务。勇于承担计划实施过程中的责任，请记住，下属的错误就是你自己的错误。

毅力是伟大领导走向成功的根本原因。如果你一遇到反对或挫折就气馁，你注定无法成为伟大的领导。领导力就是承担重责的能力。如果你自己缺乏毅力，你就得将充满毅力的人纳入你的智囊团。有才能的领导不会让琐事绊住自己的手脚。领导必备的才能之一就是懂得制定计划，不为琐事所困，把精力放在最需要自己的事情上。我曾经采访过各个行业的很多领导，他们每一个人工作得很从容，因为他们都是把具体的事务分配给别人去干。

如果一个人夸耀事必躬亲，说明这个领导还不够优秀，或者说他的事业规模很小。"我没空"这样的话是最危险的一句话。说这种话的时候，你就是在承认自己缺乏领导才能。真正的领导永远都有时间做必要的事，展现自己的领导才能。这世上 90% 的失败者都是用"没时间做这件事"为自己辩白。高效的领导并不一定是最忙碌的人，但他一定是懂得制定计划的人，是知道如何安排一大群人努力为自己干活的人。对企业来说，能让别人把事情做好的人比那些埋头干活的人有价值得多。

高效的领导同样也是出色的推销员。他可以让别人为己所用，因为别人乐意为他做事情。高效的领导拥有令人愉快的性格。他乐观积极、充满热情，知道如何用自己的热情和乐观精神感染下属。高效的领导富有勇气。谁也不想，也不会跟着一个懦夫干活。高效的领导具有敏锐的判断力，可以公平公正地对待自己的下属。高效的领导能为下属承担责任。下属犯错误时，他会主动承担责任，因为这些下属是他自己选择的人。高效的领导很会教育下属，是一位称职的导师。高效的领导决策果断，从不犹豫。

当然，领导在作出明智的决策之前，也需要审慎地思考、仔细地检查所有信息，但是，在所有信息都搜集整理完毕之后，就不能拖着不作决定。习惯拖拉的人无法成为高效的领导，除非他能克服这个缺点。巴拿马运河建立之前，人们讨论了一百多年，却什么行动也没有，直到西奥多·罗斯福成了美国总统，才开始行动。他的果决是他取得成功的关键，也是他广受赞誉的基础。罗斯福带头向国会提交法案，成立由工程师组成的智囊团，充满信心地开始干活。你看，在人们嘴上挂了一百多年的巴拿马运河就这样变成了现实！

白宫那么多任总统中，不乏比罗斯福更博学的人，但堪称比他更伟大的几乎没有。领导当有行动力！

格兰特将军曾经说过："我们要在这条战线上一直打到底，即使打上一个夏天也在所不惜。"虽然有很多缺点，他却能坚持自己的决定并获得胜利。

有位水手曾经问哥伦布，如果第二天也看不到陆地怎么办，他回答说："如果明天也看不到陆地，我们就继续前进！"哥伦布是一位有着明确目标、懂得制定计划的人，一位作出决定后不获得成功就决不罢休的人，所以说他是一位有着卓越领导才能的人。

战场上，拿破仑惊讶地发现敌方在他前进的路线上布下深深的陷阱，他毫不犹疑地命令填满那个陷阱后，立刻挥师而上，扫清了敌人。这么做需要勇气和果决，甚至需要在一瞬间作出决定。哪怕犹豫一分钟，敌人也会夹击上来攻打他。他的决定出人意料，是他人所不能为的。快速决断，不等别人告诉他该做什么便采取行动，正是这样的能力成就了这位伟大领导者。

要培养主动性和领导力，第一步要做的就是养成快速决策、绝不动摇的习惯。伟大的领导者具有很强的快速决策的能力。如果你因为搞不清楚自己想要什么或该做什么而犹犹豫豫，你最后多半会一事无成。

当今时代，每个行业的人才都需要主动性和领导力。这些素质的重要性，比以往任何时候都要明显，因为这世上有千百万的人都处于犹疑不决的心理状态中。在我们的国家，不论是在政治、金融、交通运输、商业、教育，还是在其他各行各业中，机会的大门都为那些拥有主动性和领导力的人敞开着。可是如今这些重要领域中的杰出人才少之又少。

世人有一种错误的观点，认为"知识就是金钱"。但这句话只说对了一半，危害比那些谬论要大得多。我们应该这么说：要得到金钱，仅有知识是不够的，更重要的是要用你的知识领导别人完成工作。

此前不久，我收到一封来信，对方写道："我受过极好的教育，只要有人告诉我做什么、怎么做，我就会获得巨大的成功。"

成功人士绝不会坐等别人告诉自己要做什么、该怎么做。他们具有主动性，会让自己站在领导者的位置上，寻求必要的帮手和资金，他们一往无前。自信是成功领导者不可或缺的素质。人类有一种天然的本能，那就是愿意追随充满自信的人。一个人如果连自己都不相信，又有谁会去跟随他呢？拿破仑曾经说过，士兵们愿意誓死追随他，正是因为他的勇气和自信。

真正的领导者会一直坚定不移，不会将一时的挫折视为失败。如果一个领导者反复无常，下属就会发现他对自己缺乏信心，如果他自己都不相信自己，又怎么期待下属相信自己呢？

真正的领导者对待下属不偏不倚，即便在单位内部有朋友或亲戚，他也会一视同仁地对待他们。

真正的领导者是独立自主、充满勇气的人，不仅如此，他还能让下属也成为这样的人。赛勒斯·H.K.柯蒂斯先生派一个人担任自己名下一家出版社的经理，他对这个人说："我现在将这处资产转交与你，你要把它当作自己的资产，完全按照自己的想法经营它。你要负责一切决策，包括选择自己的帮手、制定自己的策略、拟订自己的计划，承担起所有责任，打理好它。我只有一个要求，年底的时候给我提交一份漂亮的财务报表就行了。"

柯蒂斯先生能成功，是因为他具有优秀的领导才能，其基础在于他深刻地理解一条法则，那就是把责任分配给其他人。他要求下属承担必要的责任。通过这种方式，他培养了不少优秀的领导。

美国总统如果事必躬亲地指导竞选班子制定竞选计划、展开竞选活动，那他只会一事无成。他会让自己的班子承担起制定计划和执行计划的责任。优秀的企业领导也该如此。只有让一个人觉得自己拥有主动权，明白自己必须为自己的所有行为承担全部责任，他才会做到最好。

不论何行何业，不懂得承担责任，就不是真正的领导者。很多人想拥有权力和高收入，但是很少有人愿意承担起与权力对应的责任。真正的领导者的工作时间是不固定的，因为不论完成任务要花费多少的时间，他都要承担起责任。

真正的领导者会体谅下属的小缺点，制定计划时会考虑到这些，不让自己受这些缺点的影响。真正的领导者不会随意地挑选自己的下属，而是认真地挑选适合每项工作的人，如果后期发现自己的任命有错误，会及时调整下属的岗位。真正的领导者具有丰富的想象力，而且会激发下属的想象力，鼓励他们采取行动。他不会依靠权势压制下属，也不会用恐吓来吓唬下属。真正的领导者会在向下属展示对他们有利的东西之时，把对自己最有利的东西推销给下属，这是他领导别人的主要方式，而不是以权压人。世上有两类领导：一类靠权力来控制下属，另一类用杰出的领导力引导下属。第二类人堪称推销大师，不论他从事的是哪种职业。

战场上，通过权势、恐吓建立的领导力或许有用，但是在商业领域，这种领导方式只会受人唾弃。在商业和工业领域获得成功的领导者，不是因为他们碰巧拥有权力，而是因为他们能让别人看到好处，从而愿意为他们做事。

推销大师本质上是一位优秀的领导者。他在别人的心中植入足够的动机，诱导别人与自己通力合作。他用的是诱导，而不是胁迫，因此，他的领导力才会持久。推销大师通过唤起他人的情绪、说服他们的内心来影响别人。

所有推销大师深谙理解、劝导的艺术，明白如何在他人的心中植入动机，让他人自愿配合自己。

不论推销什么东西，推销大师都能够成功推销出去，因为他们会主动地开拓市场。不仅如此，不论他们卖的是商品、想法、计划、服务还是动机,都同样容易。

伟大的领导和推销大师遵循同样的哲学。他们通过建立信任关系,向顾客推销自己的商品或服务。

有史以来最伟大的领导之一曾经用以下 8 个字来描述自己领导能力的秘密:仁慈比强迫更有力。[1]

---

1 引自查尔斯·施瓦布语。——译者注

评估潜在客户

推销的第一步就是对潜在客户进行评估。也就是说，推销员应通过潜在客户及其他可用的途径，有技巧地获得以下信息，准备自己的推销计划。

1. 这个潜在客户预计会花多少钱，你的报价应该是多少？

2. 包括潜在客户心理状况在内的各项条件是否成熟，是否有利于你达成交易？如若不然，什么时候条件才会成熟？

3. 潜在客户能自己作出决定，还是须要先咨询律师、银行业者、配偶、亲戚、顾问或其他人之后才能作出决定？如果是后者，他会向谁进行咨询？为什么要进行咨询？

4. 如果潜在客户在决定之前须要咨询他人，他咨询的时候是否允许推销员在场？这一点非常重要。如果你让第三方对自己和产品进行评判，自己却无法当面解释，这对你将极为不利。

5. 潜在客户是不是很健谈？如果是的话，请给他这个机会。他说的每一个字都可以成为你了解他心思的线索。如果潜在客户不太爱说话，可以问一些诱导性的问题引导他开口，便于你获得自己想要的信息。

在对潜在客户进行评估之时，推销员可以轻易发现对方会用何种托词或拒绝达成交易。下面列出了几种常用的托词，所有客户的托词基本在内。

（1）潜在客户会说他没有钱。推销大师绝不会轻信这种托词。如果你之前已经对潜在客户进行过了解，你应该足够了解他的经济状况，知道如何巧妙地解决这个问题。

（2）潜在客户可能会说得先与配偶、银行经理或律师商量之后才能作决定。如果他以"与配偶商量"为托词，推销大师可以请求与客户夫妻一起面谈。在面谈的时候，推销大师可以对配偶进行分析，弄清这位配偶是真正的决策者，还是潜在客户的挡箭牌。如果是前者，推销大师就要把主要精力放在配偶身上。

（3）潜在客户可能会说他需要时间"多想想"，然后才能作出决定。这也是老调重弹了！推销大师明白一般人需要多长的时间来思考问题。推销大师也会巧妙地解决这个问题，提出一些办法帮助潜在客户考虑问题。潜在客户觉得自己是在独立思考，但推销大师会小心引导客户，让他沿着推销员的思路走。

在尝试达成交易之前，推销大师必须按照上述步骤完成对潜在客户的评估。如果推销失败，其原因不外乎以下两个：

其一，在进行推销演说之前，推销员没有适当缓解潜在客户的抵触心理；

其二，在达成交易之前，推销员没有对潜在客户进行精确地评估。

在无法确认潜在客户对产品或服务有购买的能力之前，推销大师绝不会尝试达成交易。推销员务必保证潜在客户有购买的能力。这一点绝不能含糊。推销大师必须弄清楚这一点，否则他就不配推销大师这一名头。

向一位只买得起福特汽车的人推销帕卡德汽车[1]，必然是徒费精力。若能精准评估客户，你就能避免这样的问题。

在向潜在客户推销人寿保险的时候，推销大师问的第一个问题就是："你买了多少钱的保险，保险种类有哪些？"通过简单的提问，你就可以获得这些信息，以此判断潜在客户大致的经济状况，就知道适合向客户推荐哪种保险。

为对潜在客户进行精准评估，推销大师会预备大量的问题，通过提问获得想要的信息。多数人都会对合理的问题作出回应。用心准备和提出这些问题，潜在客户就愿意配合回答，这样不仅可以帮助推销员获得达成交易所需的信息，还能保证这些信息的真实性和可靠性。

警察逮捕犯罪嫌疑人后，他们会马上诱导嫌疑人开口说话。从嫌疑人说的每个字，甚至他在某些事情上闭口不

---

1 早期美国豪车的品牌，现已消失。——译者注

谈的态度，警察能捕捉到一些信息，从而作出重要的推断。

在实施推销计划、展开推销演说之前，每个推销大师实际上都是一个精明的侦查员。他要搜集信息，而搜集信息的最好方法就是诱导潜在客户开口说话！有些人自称推销员，却只会张嘴说话，不会用耳朵和眼睛捕捉信息，白白浪费达成交易的机会。最成功的推销员能够十分巧妙地引导谈话，让潜在客户觉得自己才是谈话的主导者。达成交易之后，潜在客户会觉得作出购买决定的是自己，而不是因为别人的推销。

在开始推销产品或服务之前，推销大师会提前接近潜在客户，在其毫无觉察之时对其进行评估。美国最成功的一位人寿保险推销员就特别擅长把人寿保险推销给自己的高尔夫球友。在高尔夫球场上他总是非常小心地避免提及自己的职业，而且至少要和潜在客户打过三次球之后，他才会提到人寿保险的话题。在谈论的时候，他会用一系列精心准备的巧妙问题导入话题，通过这些问题，他诱导客户自己开口问有关人寿保险之事。他自称是一位"人寿保险顾问"。他告诉潜在客户，他的工作是帮客户检查他们的保险，看其种类是否合适，额度是否合理，诸如此类的话题。当然，他选择的潜在客户都是已经购买了大量保险的人。他巧妙地帮助他们分析人寿保险，让他们意识到自己还需要其他的险种，通过这种方式，甚至不用他劝说，就有几百个客户主动向他购买保险。

推销大师必须建立潜在客户对自己的信任，这一点至关重要。如果他能准确评估潜在客户，就能在此过程中获得他们的信任。缺乏信任，任何推销都不可能成功。推销大师常常花费数个月的时间"曲线"接近潜在客户，建立信赖关系，在此过程中他绝不尝试推销商品或服务。有经验的侦查员总是悄悄地向犯罪嫌疑人抛出诱饵，以获得自己想要的信息。同样地，推销大师也会采用类似的技巧，只不过推销大师的诱饵是自己，获取的信息也是第一手的。

有的时候，在自己无法亲自搜集信息的时候，推销大师也会借助专业的调查员（但并不会把他们当作诱饵来使用）帮助自己获得潜在客户的相关信息。在向公务人员进行推销的时候，如果推销员不清楚负责采购的官员的个人情况，就常常采用这种做法搜集信息。推销大师要做的事情很多，其中一项就是让自己对潜在客户了如指掌。所以他必须搜集真实信息。

如果一位推销员懒惰到不愿意搜集足够的资料来评估潜在客户的地步，那他只会败北。

如果你能够打动对方，抓住对方的主要弱点，知道如何有效利用这些信息，那你拿下对手的可能性就有十之八九。推销大师就具有这样的智慧。不仅如此，他们之所以能成为推销大师，很大的原因在于他们能够搜集信息，并且能够精准地评估自己的潜在客户。

警察在侦查动机不明的凶杀谜案之时，他们问的第一个问题是："与死者相关的人在哪？"他们也会分析作案动机是不是抢劫。无法确定作案动机，就很难抓到罪犯，即便抓到，也很难给他定罪。如果你能发现潜在客户的主要动机及主要弱点，那在推销开始之前，他就已经落入你的囊中了。

缓解潜在客户的抵触心理

展开推销之前，在对潜在客户进行评估的过程中或者在评估完成之后，推销员应当消除客户对自己的偏见、敌视或其他不利于自己的心理状态。要成功地将购买欲的种子播种下去，就必须让潜在客户做好心理准备。内心不抵触甚至欢迎推销员的潜在客户应符合以下几点。

1. 信心。客户应相信推销员及其产品。

2. 兴趣。客户的想象力和兴趣应得到激发，对所推销商品的兴趣应被唤起。

3. 动机。客户应具有合理的购买动机。建立此动机是推销员最重要的任务。

如果客户的心理状态不能满足以上3个条件，则说明其抵触心理尚未消除，尚未对推销员产生好感。推销员的第一个任务是建立潜在客户对自己的信心。如果你勾起客户的消极情绪，显然无法让客户对你产生信心。只有认真分析以下方面内容，才能建立起客户的信心。

1. 客户本人。

2. 客户的生意。

3. 客户在经营生意的过程中可能遇到的困难。

对客户生意上的问题表现出真诚而强烈的兴趣，这是建立客户对推销员的信心的最快捷途径。

要在潜在客户的心中播下购买欲的种子，推销员要做的第二个任务就是让客户对自己的产品产生兴趣。这或许要用到前文所述的一条或者多条能力。要让客户对产品产生兴趣，推销员至少要运用自己的想象力，要充满信念和热情，要对产品有充分的了解，并且能坚持不懈，努力展现自己优秀的表演技巧。如果推销员不能将购买欲的种子播种到客户的心里，即便客户内心不抵触，对推销员来说也无济于事，而如果潜在客户对产品不感兴趣，购买欲的种子也就无法播种下去。

推销员的第三个任务就是创造合适的动机，刺激潜在客户购买自己的产品。这就要求他对潜在客户及其生意有全面地了解。

大多数失败的推销员都有 5 个主要弱点，无法缓解潜在客户的抵触心理便是其中之一。消除潜在客户的抵触心理并没有固定的方式可遵循，因为每个案例的情况都不相同。充满想象力的推销员很快就能找到最合适的方法来缓解潜在客户的抵触心理。以下是进行推销演说或者缓解抵触心理时候可以采用的一些方法。

1. 通过俱乐部进行社交。据说在美国，高尔夫球场上做成的生意比在办公室里面做成的还要多。每个推销大师都深知俱乐部交往的价值。

2. 协会或联盟。推销员会发现，在很多行业，都可以通过协会或联盟建立起非常有用的交往，在这些组织里，人们的交往不会过度拘于礼节。

3. 私人场合。宴会交往提供良好的机会帮人们消除拘谨、建立互信，缓解抵触情绪。

4. 提供私人服务。在某些情况下，推销员可向潜在客户提供有价值的服务和有用的信息。

5. 共同的兴趣爱好。几乎每个人都在工作之余有自己的兴趣或爱好。人们在日常工作中往往防备心较重，而在谈论爱好之时，常常会卸下这种防备心。

缓解客户的抵触心理并建立起信心之后，下一步就是把客户的信心转化为对产品的兴趣。这时候，推销员应以最适合客户职业和经济状况的动机为核心，进行推销演说。在完成建立信心、激发兴趣、唤起动机这三个步骤之后，推销员就可以提出达成交易了。

科学的推销与成功的舞台剧须要遵守相似的法则。推销员向客户推销产品时的心理，与演员面对观众展开剧情时的心理十分相似。成功的舞台剧必须具备引人入胜的开端和激情澎湃的高潮或结尾。不具备这些条件的，都是失败的舞台剧。

第一幕：抓住观众的注意力，吸引他们的兴趣。

第二幕：推进情节的发展或展现剧情。即便这部分比较弱，但只要第一幕足够成功，这台戏就能继续演下去。如果第一幕能让观众获得足够的信心，让他们对高潮怀有期待，那观众就会比较宽容。

第三幕：完成预定目标。不管前两幕发挥得怎么样，这一幕只许成功不许失败，否则这部剧就算完蛋。最后的第三幕是决定成功与否的时刻。

推销过程中，必须采取足够的措施建立客户对推销员及其产品的信心。如果开场和结尾都足够有力，即便中间的推销演说稍弱一些，也不会产生致命的后果。推销或许可以比作一场三幕剧。

第一幕：兴趣。应通过缓解抵触心理及建立信心吸引潜在客户。

第二幕：购买欲。应通过合理展示动机唤起潜在客户的购买欲。

第三幕：行动。只有在合理展开前两幕的基础上，才能进入行动或尾声。

导演（推销员）若要成功展现这三幕剧，就必须拥有丰富的想象力并能充分利用之。这一点应毋庸赘言了吧。想象力就是生产思想的车间，用来唤起潜在客户购买欲的每一个想法、计划和画面，都是从这里产生的。想象力枯竭的推销员就好比没了舵的船，只会不停地原地打转，哪儿也去不了。

无力的语言并不能帮你达成交易。

只有把语言与能够唤起购买欲的想法融合在一起，你才能达成交易。有些推销员永远都弄不懂连珠炮般的推销和精心设计的、能够唤起潜在客户对产品向往的推销有什么不同。

缓解潜在客户抵触情绪只有一个目的，那就是建立客户的信心。如果不首先在客户心中建立信心，推销绝不可能成功。

我的推销知识来自对几千名推销员的认真观察。在观察中，我发现了10种有助于建立信心的要素。

1. 习惯为他人提供超值服务。

2. 如果一项交易不能使相关的各方人员都从中受益，就不要去做。

3. 自己都不相信的话就不要说，即便谎话能够带来一时的好处。

4. 真心愿意为更多的人提供更好的服务。

5. 欣赏别人，爱别人更甚于爱钱。

6. 尽最大努力坚守并宣扬自己的商业法则。行动比话语更有说服力！

7. 如果无法回报他人，就不要接受别人的任何惠赠。

8. 若不确定自己是否有权向别人索取东西，就绝不开口索取任何东西。

9. 不要因琐事或不必要的小事与人争吵。

10.尽量把快乐传递到各处。没人会相信扫兴的人!

这10个要素值得你铭记心中,也值得你付诸实践。

只要客户对自己有信心,推销大师卖什么都能成功。

他甚至还可以卖出顾客不需要的东西,但他并不会这么做。请记住,推销大师既是推销员也是消费者。所以自己作为消费者都不会买的东西,就不要试图把它推销给任何人。

有一类骗子常常自称为推销大师。他们以赢取受害者的信心为自己唯一的武器,诈取千百万美元,他们的受害人甚至包括最精明的商人、专业人士和银行业者。

为了赢取客户对自己的全面信赖,这些骗子往往会花费数月甚至数年的时间接近客户。有了这样的信赖,就是最聪明的人也难逃其手。人们面对自己全心相信的人常常是完全不设防的。

我们可以利用别人的信任更好地实现正当的商业或职业目的。如果你懂得如何在潜在客户与自己之间建立起信任的桥梁,那你就是自己事业的主宰。

不论是直说还是暗讽,推销中的强制推销、夸大事实和刻意歪曲事实都会破坏别人对你的信心。

不久之前,一家著名的汽车经销商不容分说地解雇了自己业绩最好的一名推销员,而且是在他创下最成功月度销售业绩的时候解雇的。之所以解雇他,是因为公司在检查这个推销员的账户时,发现他的客户中有四分之三存在欠款问题。进一步调查后发现，这个推销员经常跟客户说如果他们有不方便的时候，无法及时支付月供款，可以拖欠几个月时间，其权利不会受到任何影响。通过这样的方式，他强制自己的客户签下订单。这种行为给这家汽车经销商带来永远都无法弥补的信誉损失。

客户的信任是成功的企业所不可或缺的。推销员可以是建立这种信任的媒介，也可以是破坏这种信任的黑手。推销大师深知赢取客户信任和维持其信任的重要性，在与客户谈判的时候，总是把自己摆在企业负责人的位置上考虑问题。

信任是一切和谐关系的基础。忽略这一点的推销员是个可怜人，他永远也成不了推销大师。也就是说，他限制了自己赚钱的能力，禁锢了自己进步的可能。

芝加哥一家男帽连锁店的经营者算得上是一位推销大师。我大约是在20年前注意到这家专卖两美元帽子的连锁店。这家店规定，如果顾客对所买商品不满意，他可以无条件拿原物到店里换一顶全新的帽子，甚至就拿破损的帽子来换也可以。

店主告诉我说，有一个男人每年都来店里两次，拿旧帽换新帽，这么做至少有7年了。

"那你就这么让他白拿？"我问他。

"白拿？"店主回答说，"怎么可能！活广告啊！要是有100个人这么干的话，不用5年时间我就能攒够钱退休了。每天都有听了他的话到我们店里买帽子的人。他就是我们店的活广告啊！"

这些话让我们从一个完全不一样的角度看问题。我看得出，这个帽子店正是通过非同寻常的办法赢得顾客的信任，因此生意才如此欣欣向荣。

人们愿意谈论一家企业，不外乎两个原因：当他们觉得自己上当受骗时，他们会说不好的话，给企业带来负面影响；当他们觉得物超所值时，他们会说好话，给企业带来正面宣传。

有了对比，才能给人留下更深刻的印象。谁也不会例外。不寻常或出乎意料的事情，不管是好是坏，都会让人印象深刻。

达成交易的艺术

人们常说整个交易过程中最困难的部分就是高潮部分，也就是达成交易的时刻，但如果此前的准备工作做得比较完善的话，达成交易并不困难。实际上，如果推销员准备得够好的话，达成交易的环节只不过是个处理细节问题的过程罢了。

每次在完成交易的时候遇到困难，差不多都能在前期的准备过程中找到问题。在进入完成交易环节之前，推销大师会关注以下重要细节，认真准备好每一个步骤。

1. 小心缓解潜在客户的抵触心理，使其更能接受推销演说。

2. 建立客户信心，赢得其好感。

3. 精准评估潜在客户的心理，确保其有可能购买产品，而不是臆想其为潜在客户。

4. 最重要的是，在潜在客户的心中植入合理的购买动机。

5. 在进行推销演说的过程中对潜在客户进行试探，确信潜在客户对推销演说怀有兴趣。观察潜在客户的面部表情及其言辞，判断其是否愿意购买所推销产品。

6. 最后，在完成交易之前，推销员应在自己心中做好完成交易的准备。了解潜在客户的心理，你就知道自己什么时候准备就绪。

若能妥当完成以上步骤，推销员就已经准备好进入最后环节，也就是完成交易环节了。能够做好推销工作的前两环节（也就是唤起兴趣和激起购买欲）的推销员数不胜数，他们却常常功败垂成，因为他们不具备完成交易的能力。请记住，如果你能完善上述6个步骤，完成交易的环节也并不难，不过是要注意一些细节罢了。

以下几点建议能帮助你培养自己完成交易的能力，即便你是一位经验丰富的推销员，也能从中获得一些收获。

1. 不要与潜在客户争论不必要或无关的问题，让话题脱离自己的推销计划。如果潜在客户一直打断你的话，试图转移话题，找借口拒绝购买产品，就让他先说个够。在他说个不停的时候，你再巧妙地把话题转回自己的思路上。然后沿着计划的路子走，将推销推向完成交易的高潮。切记这一点：主导话题的不是推销员就是潜在客户。让谁来主导话题，对推销员而言至关重要。

2. 预测潜在客户可能提出的质疑和反对意见，主动打消其疑虑。主动问他们担心的问题，并提供问题的答案，但如果你不确定客户存有疑虑，切记不要主动提出这些问题。推销中，千万不要自讨苦吃。

3. 即便潜在客户表现出拒绝推销的言行，也始终坚信他会购买产品。你的一言一行都要让客户觉得你非常期望他能购买产品。如果做不好这一点，那你一开口就已经失败了，因为有的客户非常敏锐，他们会看出你的不自信，而他们一旦看出这一点，在你提出完成交易之时，他们就会以此为借口拒绝购买产品。不论潜在客户设下多么完美的陷阱想要击垮推销大师，推销大师都不会显示自己软弱的一面。有些客户孜孜不倦地想要转移话题，而推销大师也应同样坚持不懈地实施自己的计划。

4. 相信客户永远是对的，客户自己最了解自己的生意。如果你想给客户提出建议，显示自己比顾客还聪明，那只会引起他的抵触，虽然有时候他不会明确表现出抵触情绪。大多数平庸的推销员都会犯这样的错误，那就是显示自己智高一筹，想要以此打动客户。这种推销方法很拙劣，很多推销员都因此失去了机会。

5. 一开始把价格提高一点。在必要的时候降低价格，也比一开始开价太低，导致完成交易时候没有讨价还价的余地要好。报个低价，然后再抬高价格，还不如报个高价，然后再让步。即便你提出的价格超出潜在客户的经济实力，对他购买力的高估也不会冒犯他。反之，低估了他的经济能力反倒会让他感觉受冒犯。这种情况屡见不鲜。

6. 在推销演说中引用客户曾说过的话。这是最重要的推销技巧之一，因为人们总是会很自然地赞同自己曾经说过的话（或者他们自以为自己曾说过这样的话）。

7. 如果潜在客户想要咨询银行业者、律师、配偶或者其他相关人士的意见，你首先要称赞他的判断明智、行事谨慎。接下来你须要立即通过巧妙的暗示，让他意识到银行业者或许比较了解借贷业务，律师或许比较熟悉法律术语，配偶和朋友或许知识比较全面且值得你信赖，但是最了解所售商品的只有你这个推销员。你对产品了如指掌，而其他人却没有足够的时间（也不会花那么多时间）和足够的兴趣深入了解它们。除此之外，你还要让潜在客户意识到，最了解自己生意的是他自己，而不是其他人。

8. 不要给潜在客户反复考虑的机会，除非他有充分的理由推迟决定。如果他借口要多加考虑，你要拒绝这个借口，并在现场帮助他思考问题。请记住，与其以后花千百倍的精力来补救，不如这时候多一份坚持。事实上，大多数失败的推销员如果能再多坚持几分钟的话，就不会错过达成交易的机会了。

要在心理处于最佳状态时达成交易，这一点我们已经强调多次，但是实践证明，大多数推销员都不知道什么是最佳时刻。最佳时刻指的是推销员觉得潜在客户已经做好准备且可以完成交易的时刻。不论推销成功与否，每一次推销活动中都有这样的时刻。

推销大师和平庸的推销员的主要差别之一，就在于推销大师不仅会细品客户口头所说的话语，还能洞察他内心所想的念头，而平庸的推销员则缺乏敏锐的洞察力，无法探知客户的心理。

在你感觉完成交易的最佳时刻到来之时，请立即提出报价，进入完成交易的环节。推迟几分钟，甚至是几秒钟，潜在客户可能就会改变想法。如果在尝试完成交易的过程中，你发现自己错估了最佳时刻，请回到介绍产品的步骤，在推销演说中加入为应急而准备的新论点。要想成为推销大师，你须要准备大量的应急论点。

除非万不得已，推销大师绝不会用光所有的底牌。即便被迫用光，他也不会一次就全部打出去。他会留下几张牌，留待第二次做推销演说的时候再用。

推销员一般要自己感受达成交易的最佳时刻，有时候这种时机会比较明显，可以从潜在客户的言谈或面部表情看出来，但是，消极悲观或缺乏自信的推销员无法体会到这些最佳时刻。

推销员的积极心态和自信也常常让潜在客户觉得自己想要购买产品，在推销员的坚持下，客户往往就会顺势接受交易。既然推销员能将消极的情绪传递给潜在客户（如果他不是推销大师的话，他肯定会，而且能够做出这种事），那他当然也能传递积极情绪。或许正是因为如此，推销员才须要时刻保持积极乐观的心理和态度，要一直相信交易必定会成功。

让潜在客户发现你迫切渴望马上完成交易，一般会带来致命的后果，因为太过急切往往显得推销员缺乏信心，这种没信心的表现即便没有在推销员的言语和脸上表现出来，也会传递给潜在客户的大脑。

如果潜在客户发现推销员是为了钱才急于完成交易，那推销成功的希望就非常渺茫了。如果推销员的外表和语调散发出成功人士的气息，表现出不太在意交易是否能成，他往往能成功地推销出产品。原因是显而易见的。

推销大师基本不会问潜在客户是否准备好下单了，而是在最佳时刻到来之时，直接拿出待填写的订单，一切都水到渠成般顺利。问潜在客户是否准备下单，就说明你不确定他是否准备好交易。直接填好订单递给客户，则说明推销员心里对交易确信无疑。在收到这样的积极暗示之时，客户一般都会做出积极的反应，当然，前提是你的推销演说做得够好，并且成功地勾起了客户的购买欲。

请记住，完成一项交易，首先要看推销员的内心。如果你能明确自己的目标并下定决心达成交易，其他一切都将为你让路。如果你出现犹豫，又因为犹豫露出自己的不自信，别人就不会听你的了。作为推销员，如果你在成交时刻到来之时露出哪怕一点点的犹豫或迟疑，那你还不如不要提出下单的要求，因为你基本上会被对方拒绝。

人的心态就是如此！

意识到达成交易的最佳时刻并成功完成交易，不一定非要大喊"成交"，这一点非常重要。

雷·坎利夫是凯迪拉克汽车公司驻巴尔的摩的经销商。他曾经跟我说过一个典型的推销案例，例子中的推销员不经意中传递出消极的暗示，让自己与三辆豪车的佣金擦肩而过。事情就发生在美国机车公司位于纽约的卖场里。

一天傍晚，在卖场即将关门的时候（约下午5点钟），一位身穿运动服的男士走进卖场，对现场销售员说他有意买一台机车公司生产的汽车。当时现场有3台汽车，这位男士撑着手杖，对着3辆车看了几分钟，开口询问价格。销售员非常冷淡地说了下价格，没有对这位潜在客户做任何推销工作。我还记得，这3辆车的价格都是1.2万美元。

这位男士又站着看了一两分钟，指着三辆车说："嗯，不知道是买这辆，这辆，还是这辆，还是说三辆都买。"

推销员想，我算是看明白了，这个人就是来找乐子的，再加上他当时急着去参加晚宴，所以显得颇不耐烦。幸运的是，潜在客户还没有察觉他拒绝的态度，就用手指着中间的那辆车说："看得出来您急着要走，所以我还是买这辆吧。"

"好吧，"推销员回答，"我这就拿订单给您填。"

"噢，不用填了，"这位客户说，"我给你签张支票，你明天把车送到我家就好。"他拿出自己的支票簿，写了张1.2万美元的支票，递给了推销员。

推销员看清支票上签的名字时十分惊讶。签名栏写着查尔斯·佩恩·惠特尼的大名。推销员知道，自己本来不费吹灰之力就可以向他推销出三辆车，就像他买下一辆车那么容易。请注意，我这里用的是"买下"一词，因为这个案例没有涉及任何推销工作。

此前不久，我写信给几位房地产经纪人，告诉他们我想在乡下买一处房产，并详细描述了自己的要求。许多推销员纷纷上门，让我第一次意识到原来有这么多人是靠推销房产谋生的。他们急切的态度让我觉得颇为尴尬，看得出他们非常渴望做成这笔生意。

我刚才说有许多推销员上门找我，但或许更准确地说，只有一位来访者算得上是推销员。想卖房子给我的人那么多，只有这一位能洞悉交易的心理。其他大多数人只是用地图等资料来展示他们手头的房产，有些会拿一些描述房产信息的复印资料给我看，让我在想去现场看房的时候再通知他们。他们怎么就认定我当时不想看房呢？

只有一位推销员主动邀请我去看房子。这位推销员说："您信中描述的房子我们正好有一处。我们特意为您保留了很久（眨了下眼睛，表示自己故意这么说大话）。我开车载您去看一眼吧。如果您觉得它不够合意，回来我就请您到最好的餐厅吃饭去。"（依靠丰富的想象力，他预测到回程的时候差不多就到饭点了。）他继续说，"您一看到这个房子就不会想再看别的了。我敢保证它就是您想要的"。

说到这，我开始相信他非常理解我的要求。那天我本来不打算去看房子，但是他让我改变了主意。他的言行非常积极肯定，还没等我想好拒绝看房的理由，我就不知不觉地上了他的车。如果他说话的时候略有迟疑，我就会把时间推到第二天。他趁热打铁，三言两语就把我拉上车了。

看房的途中，这位推销员非常高兴地详细描述了一下房子，还没看到房子我就觉得自己想买了。说实话，要是之后发现房子有什么不好的话，我大概会深感失望吧，因为这位推销员已经深深地唤起了我的购买欲，我觉得自己已经是他的囊中之物了。

看完房后，这位推销员拿出一份合同，上面连该填我名字的地方都帮我填上了。这是我见过最顺畅的推销案例之一。这位推销员觉得我有签字的意愿之时，马上就拿出合同，连着笔一起递给我。他发现我签字的时候找不到合适的东西垫合同，又立刻跑回自己车里拉出一个手提箱说："给，用这个当桌子，将军先生！"我并不是一位将军，这个称呼却让我很是高兴，一点也不反感。

我就这么签了合同！

这位推销员并没有拿一堆复印资料给我看，而是直接让我看房子。这就是推销大师经常采用的手段，这也是他们独特的技能之一。

其他的推销员还在继续给我邮寄复印资料。想通过复印资料卖掉乡下房子，这是绝不可能的。要卖得掉，那可真算是个奇迹了。

前几天，有一位推销员上门拜访我，他问我："房子找了那么久，有没有决定买哪一个？"

"我已经买了，"我回答道，"或许应该这么说，不是我决定买房子，而是一位优秀的推销员让我下决心买，就是在你第一次来我这里的那一天买下的。"

"真是糟糕啊！"这个推销员叹道。

"你说错了，"我回答，"对你来说或许很糟糕，但对我来说挺好，因为那正是我想要的房子。"

这位推销员连个招呼也没打就慢慢地转身离去，从他脸上的表情我看得出，他有点怀疑我是在说笑。他想必十分讨厌我的幽默感，或者讨厌我只看了房子一眼就买下来。

人不可貌相。同样道理，仅看潜在客户的外表，你也不知道是否能成功推销出自己的商品。把这种疑虑化为有利条件，尽力向每个潜在客户推销产品，不要一开始就想着交易无法成功。这就是最稳妥的推销办法！

我曾经给芝加哥一家企业的3000名推销员做培训。培训的口号就是效率。那次培训让我看到坚持不懈能带来多么大的潜能。要想成为该企业的正式员工，这些推销员至少要成功地向5位指定客户中的一位推销出产品。任务规定他必须坚持向这5位潜在客户推销，直到成功签下一份订单。在很多情况下，为了完成任务，有的推销员坚持拜访了十几次客户。

我记得有位推销员对自己的一名客户一连拜访了18次，才做成了一笔交易。这位客户在他第18次拜访的时候终于下单。在这个 3000 人的团队中，只有 128 人被淘汰，因为他们在前 5 名潜在客户身上的推销失败了。我告诉这些推销员，不要对顾客的拒绝信以为真。

在做成一项交易之前，推销员和潜在客户都须要展现出自信。为确保我们的推销员能做到这一点，我们采用了一个特别的培训方案，那就是在企业内部设立虚拟客户办公室，其成员由企业正式员工组成。如果我们发现某位推销新手缺乏自信，我们就会在 5 名潜在客户中添加一位"虚拟客户"。这个虚拟客户会百般刁难推销员，但最后还是会让推销员胜出，接受他的订单。成功推销出产品后，推销员就能获得佣金。这种做法效果喜人，对那些之前从未成功过的推销员而言尤其奏效。

我们一般把虚拟客户安排在最后一位，拜访完其他 4 名指定客户后才能拜访虚拟客户。实验结果显示，在成功向虚拟客户推销出产品之后，推销员都感觉深受鼓舞，再让他们重新拜访之前推销失败的 4 位客户，他们大多都能成功，有些人甚至能搞定全部 4 位客户。

通过这个实验，我们发现在决定推销是否能成功的时候，推销员的心态比潜在客户的心态更为重要。这个发现非常重要，时至今日亦是如此。

推销的内容庞杂繁多，要让我作个总结的话，我觉得可以用一个词来说。

每一个推销员都应当看到这个词，它就如傍晚时分的长庚星那般明亮，永不消失，不断地拷问你、召唤你、督促你、鼓舞你、指引你。

这个词所代表的事物，主导着所有成功有为的推销员，爱德华·波克称之为最伟大的词语。这就是：

服务。

我们即将进入本书的第二部分。这部分讨论的是如何推销个人服务。

如果你已经获得成功，请记住是何人在何时何地给了你一臂之力或者灵感，让你走上正确的道路。同时也请记住，要像别人曾经帮助你那样，给比较不幸的人提供帮助，只有这样，你才能还清人生的债务。

第二部分　推销个人服务的技巧

不论哪个行业，每一个获得成功的人都必须理解谈判的艺术，即推销术，并能充分利用这一艺术。

本书的第二部分分析的是推销个人服务的法则。

一开始便在报酬问题上纠缠不清，让很多人错失人生的良机。如果你应聘的职位能让你全心投入，即便报酬偏低也请接受它，然后用时间证明自己能提供优秀的"产品"。能力得以证明之后，你就能获得与之相匹配的报酬。

选择职业

你有权力选择一个自己渴望的职位作为自己奋斗的目标。要有效推销你自己,首先要做的就是选择。同时,这个选择的责任须由你独自承担,因为其他人无法为你作出合适的决定。

在确定自己渴望什么职位或职业之前,先弄清楚自己仅仅是想找一份工作,还是找一份最符合自己愿望、教育、性格、本能的工作。

接下来,你就要决定自己是想要一个前景广阔但当前收入较低的职位,还是要当前收入很高但没有前景的工作。换而言之,你得决定自己职业的起点是在山脚还是山顶。

你最终的收入在很大程度上取决于这个决定。显然,如果 开始便站在顶峰,你唯一的路就是往下走。

请注意"决定"一词在本书出现的频率是多么高!从本质上看,推销自己就是要你作出很多决定。在推销自己时,你要作出以下决定。

1. 决定你最喜欢的职业或工作。对数千名人士进行认真分析之后,我们发现如果一个人做的是自己最喜欢的工作，他取得的成就会最为瞩目、最能持久。人们可以像玩游戏的时候那般快乐、热情而真诚地投入喜欢的工作。如果一份工作不能让你全身心地投入，那就不要主动选择它。

2. 决定你想要受雇于哪种老板。员工选择雇主与雇主选择员工同等重要，都须认真对待。在选择雇主时，请选择一位能够让你信任且能够指引你的人，选择一位能够让你学到有用知识的人。你的雇主应当成为你的导师，事实上也确实如此。请确保自己选择的是一位优秀的导师。

3. 决定在前5年中，你每年想从这份工作中赚取多少的报酬。之后，确保你提供的服务配得上你想要的年薪。请记住，你每年的收入只不过体现了你脑力价值的6%。打个比方，如果你的年收入是6000美元，则你的脑力资本可值10万美元。只有有效发挥自己脑力资本的作用，你才能获得相应的收入。

4. 决定自己要提供什么水平的服务才能获得想要的报酬，并在实际行动中提供不低于此的服务。这是最重要的决定。大多数人总是想着自己需要多少钱，而不是想办法提供等价值的服务，自己赚取想要的收入。

5. 评估重大失败会给你带来多大程度的打击，决定从事能够避免遭受这种打击的职位（我的另一本著作《思考致富》对这些重大失败作了详细解释）。

在制定计划推销自己之前，你必须先做好以上5个决定。你人生中最重要的决定就包括这5个。决定要果断，但也应深思熟虑，因为你的整个未来都取决于这些决定。

如果你刚开始寻找人生的第一份工作，你可以先接受一份临时性的工作维持自己的生活，然后再花时间搜集信息，帮自己明智地作出这五个决定，但是不要因为不重视或习惯成自然，把临时性的工作当成自己毕生的事业。职场上很多人都是随便选了一份工作便随遇而安，因为他们缺少决策能力，不懂得为自己选择更合适的职位。

我觉得人生最大的悲剧就是选择一份自己不喜欢的工作，每周有6天的时间都在做索然无味的事情。这样的人生就像是在蹲监狱，而且是七分之六的人生都在服刑。这样的人，比真正的囚犯也好不了多少，二者唯一的区别就是他的自由稍微多一点，每过六天就能得到一天的自由。

要想主动选择自己喜欢的工作，并能全身心地投入这份工作，你必须发挥出远超一般人的毅力和个性力量。请注意，我说的不是拥有超过一般人的个性力量。拥有多少力量和能发挥多大力量，这是两码事。

为什么要选择你喜欢的工作？答案显而易见。如果你从事的是自己喜欢的工作，你永远都不会觉得工作是件辛苦累人的事，因为这是你喜欢的工作。你感到辛苦，并不是因为工作时间太久，而是因为你对自己的工作不感兴趣。

现在我可以回答"怎么避免做自己不喜欢的工作"这个问题了。答案就是，只要你下定决心不要作茧自缚，不要成为自己的囚徒，你就可以避免这个问题。如果你发现自己为了维持生计，暂时陷入这样的"监狱"，你也可以摆脱困境，办法就是先下定决心找别的工作，然后按照前文所说的5个决定采取行动。

我写这本书，主要是为了帮助那些不喜欢自己工作的人摆脱困境。只要遵从本书的建议，你必能走出职业生涯的"监狱"。

我们都是被习惯支配的生物！

我们之所以成为现在的自己，是因为我们自觉或不自觉地被自己的习惯支配。我们是被自己的思维习惯和行为习惯所束缚的猎物。要改变自己的生活状态，我们可以做且唯一能做的就是改变自己的习惯。

读到这里，你或许已经明白，如果不改变现有的习惯，你就无法更好地推销自己。如果你具有良好的习惯，你不会也没必要操心怎么去推销自己。

人生没有讨价还价的余地。凡事皆有代价，只是付出代价的方式不同。你再聪明，也无法欺骗人生。不少聪明人都曾欺骗人生，骗成功的却没有一人。

成功推销自己也须要付出代价，每一种代价都有不同的衡量标准，本书对每一个代价都作了清楚地解释。你须要熟悉这些代价，并决定自己愿不愿意付出这些代价。

如果你读本书只是为了学会如何哄骗别人，把自己的服务卖出超出其价值的价格，那你还是不要读了。相反，如果你希望将来能赚更多的钱，并且愿意用同等的服务来换取收入，那本书可以帮你安全躲过陷阱和误区。

很多人总想不劳而获。贪婪的人到处都是，如果你不注意，就会被身边人影响，与他们同流合污。

强调这一点，是为了帮助那些还没有被不劳而获的疯狂氛围影响到的年轻人。

大自然很会算账，而且经常算账。有些人很幸运，没有付出足够的代价就得到了一些东西，但是每到算账的时间，他们都会被迫交出这些一时的好处。

这条法则适用于一切交易，个人服务的推销也不例外。如果你的服务不能保质保量，你或许能蒙蔽得了一时，但是大自然的审计师会在拐角处等着给你算账。

你可能觉得本文像是枯燥的说教，教你推销应有的道德，但是真理往往不会像小说那样浪漫。如果你觉得枯燥，我想告诉你，那些成功赚取大额财富的人，他们的行为准则（不论他们是不是有意遵守这些准则）完全符合这些说教的内容。

一切成功人士都会用行为准则来规范和指导自己的人生，这些准则一般都与浪漫无关。在结束本文之前，请你再作一个决定：你是愿意听合理、有用却无趣的建议，还是愿意听乐观、有趣、浪漫却无用的建议呢？

我写这本书，不是告诉你在服务不够好的情况下怎样才能赚大钱，而是要让你明白如何通过提供等值的、令人满意的服务来赚钱。

我本质上是一个乐观主义者。如果可以的话，我也愿意让工作变得浪漫有趣。对我来说，人生最浪漫的事就是找到适合你的工作。快乐是每个人都在追求的最高目标。能够从事自己喜欢的工作，为他人提供有用的服务，在我看来，这就是人生最大的快乐。

今天的经济危机中，有数百万人失去了工作，还有数百万的人赚的钱仅够糊口。我们可以从这种情况中得到很多有用的教训，其中一条：比被迫工作更糟糕的是被迫失去工作！

没有职业，你永远不可能感到快乐。很多人曾试图从无所事事的生活中寻找快乐，但他们一无所获。服务他人才能带来长久的快乐。其他一切形式的快乐都只是一时的快乐或错觉。

快乐来自追求，而不是索取。

如果你的心中没有追求，你就无法感到快乐。手握数百万美元财富的人，无法再从财富中获取快乐。如果他们感受到快乐，那一定是因为他们有了其他的目标或期望，为未来的追求设定了新的计划。我和很多富人都有私交，他们的快乐无一例外都符合这条规则。

你或许已经发现，我不仅想要告诉你怎样有效推销自己，还在试着告诉你如何通过自己的努力找到快乐。

以明确的主要目标为毕生的事业

只有目的专一的人才能取得出色的成就。这是一个专业化的年代。若不能在某一领域脱颖而出，就无法在当今激烈的竞争中获得优势。

要想成功，你必须遵守以下 5 个基本步骤：
1. 选择明确的奋斗目标；
2. 积累足够的力量实现目标；
3. 完善实现目标的实施计划；
4. 积累必要的专业知识以实现目标；
5. 坚持不懈执行计划。

每个成功人士都是以不同的方式经历这 5 个步骤。有些人是无意识或碰巧走对这些步骤，有些人则是带着明确的目标有意这么做。

怀着专一态度为明确的目标而奋斗，这可以给你带来很多优势，其中包括以下 7 个步骤。

第一，目标明确的人才能做到术业有专攻，最终趋于完美。

第二，目标明确的人才有能力迅速果断作出决定。

第三，目标明确的人能够克服拖延症。

第四，目标明确的人能够节约时间和精力，不会在几件事情之间摇摆不定，浪费时间和精力。

第五，明确的目标就好比一张路线图，画出通向旅程终点的路线。

第六，目标明确的人有固定的习惯，这习惯能影响他，并不知不觉地成为驱使自己实现目标的动力。

第七，目标明确的人具有自信，能够赢得他人的信赖。

没有明确目标的人身边伴随着种种不利因素，其数量就像"光束中飞舞的无数细微尘埃"[1]那样多。在每一行每一业中，我们都能看到很多人漫无目的、命运多舛，他们都是因为没有固定的目标而失去方向的人。这些飘摇不定的人就如同没有舵的船只，"他们人生的航行就注定会陷于浅滩和悲苦之中"[2]。

每一间凌乱不堪的出租公寓都是活生生的证据，悲惨地证明这个真理；那些虚弱苍白、营养不良、从没有公平享受过阳光的孩子，都在向我们证明这一点；那些满脸愁苦、衣着寒酸、眼神忧伤的女人低头忙着苦差，连抬头的时间也没有，她们也在默默告诉我们自己的丈夫没有明确

---

[1] 约翰·弥尔顿语。

[2] 莎士比亚语。

的目的；那些焦躁不安、愁眉不展的男人们也都没有给自己设宏伟目标。真理，它是这么赤裸裸，让人无可辩驳，它指责着那些不知道自己要何去何从，也不知道自己为什么而活着的人。

历史上有那么多人，他们总是朝着一个方向，而且是唯一的方向前进，驾着人生的马车通向伟大的成就，我们总是为这样的人唱起赞歌。

历史伟人留下的名言警句就像是路标指引着我们的方向，但是其中最不可磨灭的、最能吸引人们注意、最能引人深思的，却是"目的何在"。

明白自己的目标的人，往往就能实现目标。他们不会分散时间和精力做漫无目的的事，而是集中精力朝着明确的目标努力，用尽全力实现自己的目标。

体力劳动的工资按日结算，其价值取决于供求关系。由不专业的人提供的一般服务，其价值不见得会高于体力劳动，但朝着明确目标施展的脑力劳动，则具有无限的价值。专业才能的售价不会受任何因素的限制。这些话的道理都很明白，可是98%的人却从未做到，因为他们不懂得朝着明确的目标去努力。

每一次失败都会教给你一个教训，只要你能睁开眼睛、打开耳朵、敞开心扉，就能学会这个教训。每一次挫折往往都是披着挫折外衣的恩赐。若没有挫折和一时的失败，你永远都不会明白自己的意志有多坚定。

养成提供超值服务的习惯

养成习惯让自己提供的服务超过自己的报酬，这对推销自己而言是非常有必要的。

之前讲的是"决定"一词的重要性。现在要分享的关键词则是"习惯"，特别是指你在提供足额、高质量服务时应具有的习惯。

要让自己提供的服务超过自己得到的报酬，原因有很多。

1. 你可以获得别人积极的眼光。

2. 你可以在与别人的竞争中胜出，因为大多数人与你相反，他们习惯于尽可能少地提供服务。

3. 你可以获益于报酬递增法则，免受报酬递减法则之害，最终帮你获得高于他人的报酬。

4. 在面对机会的时候，你可以优先获得就业、赢得更高的工资、获取稳定职位。在经济危机发生的时候，拥有这种习惯的人是最后一个被解雇的人；在经济复苏的时候，他又是第一个被回聘的人。

5. 你可以提高自己的技能、效率和赚钱能力，取得优势。

6.你会变成不可或缺的员工，因为大多数人都没有这种习惯，雇主会让你承担更多的责任，而承担更多的责任则会为你带来更多的经济回报。

7.你就能获得晋升，因为它意味着你具有别人不具备的管理能力和领导才能。

8.你就能决定自己的收入。如果你的雇主不愿意提供你想要的工资，他的竞争对手也会愿意提供这一报酬。

提供超值服务的好处很多，以上不过列出其中的几点。

如果你提供的服务配不上你的报酬，你最后会什么也得不到。这是无可辩驳的事实。

商誉是每个企业的潜在资本或实际资本。虽然企业的资产清单中没有商誉这一项，但是没有商誉，企业就无法发展，它的寿命基本上也不会很长。拥有提供超值服务习惯的个人也具有这种商誉，与那些不具备此习惯的人相比，他在推销个人服务时可以获得更多的机会和优势。拥有这种商誉的人，常常享有高效率的名声。失去这种商誉，你就无法很好地推销自己。

在推销自己时，你最大、最引人的地方就是能提供超额、高质量的服务。

养成提供超值服务的习惯是一条重要的法则，是企业之所以能不断壮大、商人之所以能积累巨大财富的最重要原因之一。这一法则对员工个人而言如此，对雇主而言亦是如此。

因为动机,人们才会在工作中和睦相处,彼此忠诚,团结协作。不论是员工个人还是领导者,要获取瞩目的成就,就要知道如何通过合理的动机激发人们和谐、忠诚、合作的工作态度。

每个员工都想要赚更多的钱,获得更高的职位,这是人之常情,但是,并非人人都知道更高的职位和收入是由动机带来的,而最能满足你愿望的动机则是提供超值服务。

这山望着那山高,这是人的本性。如果一个人开始寻找更高的职位和收入,他一般会去别的雇主那里找这种机会。有时候这么做或许有必要,但是更换工作虽然能带来一些好处,也往往会带来一些坏处,其中最大的一个问题就是:在原来的岗位上,你比较熟悉工作的细节,同事对你也比较信任;而在新的职位上,在做新的工作、与新的同事配合的时候,你的效率不可能有原来那么高。再说,长期与一位雇主合作能帮你建立良好的商誉,而更换工作则有损你的商誉。

在更换老板之前,请确定你在当前职位上已经尽了一切所能。对自己的工作作一番总结,想想自己能通过什么方式为雇主贡献更大的价值,并采取相应的行动,让自己尽可能成为雇主不可或缺的人。请记住,只有成为不可或缺的人,在你向雇主要更高的职位或工资的时候,他才会答应你。

如果你的雇主是一个成功的商人,他想必也是一个聪明人，知道如何判断你的价值。在你提出加薪要求或另谋高就之前，首先要提高自己的服务，让其数量和质量都超过雇主的预期或要求。如果你能长期坚持这样的习惯，让雇主看见你的习惯，你就有资格跟他提出加薪要求。如果你雇主是聪明人，他必然不会拒绝。

有些人的才能超出职位和雇主的要求，但更多的人则恰好相反。

在决定另谋他就之前，也请审视你现在的雇主及其企业，确定他们提供的前景是否与你的才能相称。通过分析，如果发现现有职位中就有合适的机会，请抓住这些机会。因为你已经是这个企业的一员，你已经获得了雇主的信任，否则他也不会把你放在现在这个位置上。让自己变得不可或缺，通过这样的方式将机会转化为金钱，要不了多久，报酬递增法则就会发挥作用，让你获得回报。

每一位有经验的农夫都知道报酬递增法则，并能按以下方法充分利用这一法则。

第一，选择适合种植所选作物的土地。

第二，对土地精耕细作、施加肥料，使之有利于种子的生长。

第三，播下精心挑选的饱满种子，因为营养不良的种子不能发育成健壮的作物。

第四，等待足够长的时间，让大自然有机会回报自己的辛苦劳作。不能期望今天播下种子，明天就能得到收成。

做完这四步后，就可以等待收获了。农夫知道收获季节到来之时，报酬递增法则会让自己得到回报，通过劳动，他收获的粮食会比当时播下去的种子多好多倍。

有效地推销自己，同样的法则也会在你身上发挥作用。选择聪明且成功的雇主，就相当于精心挑选肥沃土地。在工作中与人和睦相处，团结协作，这就相当于对土壤精耕细作。在土壤中播下最好的种子，并确保播下足够好的种子，因为并非所有的种子都会发芽成长。只有播好了种子，你才能期待收获，也就是获得报酬。种子播下之后，即便不能马上收获，也不要失去耐心，让种子有足够的时间发芽长大。与此同时，要让自己变成企业不可或缺的一员，保证自己的铁饭碗。

如果你已经尽了自己的努力，你的雇主却没有表示感激，还请继续播撒服务的种子，而且还要保证种子的数量和质量。即便你最后没有得到重用，这样做也能帮你证明自己能够提供令人满意的有用的服务。

如果你习惯于经常换工作，报酬递减这一法则就会发挥作用，让你遭受损失，因为没有哪个雇主愿意让不稳定分子成为自己企业的一员。在决定更换雇主之前，你须要慎重考虑这一点。

你其实就是一位商人，你须要推销自己的商品，这个商品就是你自己的服务。在推销自己之时，要向成功的商人学习，看他们是用哪些策略来推销他们的商品的。想必你也知道，那些在交易中欺骗客户、缺斤少两的商人最后会是什么结局，他的生意会做不下去。当然，你肯定也知道，如果一位商人提供的服务和商品满足客户的期待，甚至还超出他们的期待，并因此而赢得了客户的信赖，这样的人的生意会发展得多好。

约翰·沃纳梅克、马歇尔·菲尔德、西尔斯·罗巴克是美国商界的丰碑。他们的座右铭是："顾客永远是对的。"他们竭尽一切所能来实践这句座右铭，为了强制执行这句话，他们甚至还故意让一些客户占自己的便宜。

不论一个人从事的是什么职业，如果不能践行"先播种后收获"这一法则，谁也无法保证自己能获得成功。如果在推销个人服务之时违背这一法则，其他的法则也将失去作用。

我们须要格外强调这一法则，因为当今世上有一种特别流行的趋势：还没有播下服务的种子就想要收获财富。始于1929年的大萧条就是最好的例子，它证明了报酬递减法则的作用。一切都向钱看，人人都想凭借运气不劳而获。运气十分狡猾，它会让你先获胜多次，然后诱惑你一步步走向必然的毁灭。

如果你的主要资产就是你的才能，请记住大萧条这一教训，从中吸取有用的知识。这场灾难告诉我们一条放之四海而皆准的道理：服务最好的人获益最多。

在禁酒的年代里，我到过毗邻南加州的一个墨西哥小镇。我看到4万人浩浩荡荡地穿过边界，钻到小镇的酒吧和赌馆里玩乐。除了大萧条，还有什么能比这种场景更能证明人们对赌博的害处是这般无知？这个场景让我心生好奇，我决定做一番调查，看看幸运女神到底会如何青睐这4万名想不劳而获的人。

政府主管部门告诉我，保守估计，每周日来到这座小镇的有4万人，回去的时候口袋里的钱比来的时候多的只有不到300人。政府官员还估计，在周日这一天里，酒馆和娱乐场所经营者的净利润为每个顾客10美元，总额达40万美元。他们估计那300名幸运儿平均每人赚走的钱不会超过20美元，总共也不会超过6000美元。对比这两个总数，你就能明白那些想不劳而获的人获胜的概率有多低！

那些想不劳而获的赌徒成功的概率有多低，那些还没播种就幻想收获的人成功的概率也就有多低。还未播种就想收获的人往往觉得自己足够聪明，能够在游戏中获胜。事实并非如此。经济萧条最终证明了强者才能生存，而那些无足轻重的人只会沉沦下去，被自己荒谬的幻想击碎。

如果一个人的收入来自推销自己，他或许有机会欺骗别人，向他们提供缺斤少两的服务，但是骗子只能骗到他自己，因为这也算是盗窃行为，只不过手段比较温和罢了。

人偶尔能骗过他人而不被察觉，但是骗过他人容易，骗过自己的良心却绝不可能。良心会真实地记下一个人的行为和思想，并将这些记录融入一个人的性格里。

做到问心无愧,这就是最有价值的财产!

在你想与雇主谈判争取加薪的时候,你就会发现这句话的道理。

若有人说"不给钱我就不干",你完全不用担心来自这个人的竞争。他永远不会成为你求职时候的危险对手,但是,你要担心那些自始至终都专注于工作,而且做的事情总比别人期待的要多一点的人,因为他可能会挑战你,超过你。

讨喜的性格

不论你从事什么职业，你的主要责任就是在尽可能减少与他人的摩擦的情况下完成协商。这种能力很罕见，却是有效推销个人服务所不可或缺的。

讨喜的性格是一种资本，没了它，你很难推销自己的服务。安德鲁·卡耐基在谈到成功的要求时，将它列为头条要求，强调讨喜的性格对推销个人服务而言是多么重要。

不管怎么说，它都值得我们思考。

想要有效推销自己，你就必须是个能干的推销员，而讨喜的性格则是推销术的必要组成部分。让我们先给讨喜的性格下个定义，在理解此定义的基础上展开讨论吧。

讨喜的性格让你具有足够的灵活性和适应性，让你和谐融入环境，赋予你必要的吸引力，从而让你占据主导地位。

讨喜的性格由多种品格组成，其中较为重要的包括以下几种。

1. 优秀的表演技巧。擅长表演的人明白如何迎合大众，并能充分利用这些技巧。它通过自己的想象力吸引别人，通过唤起别人的好奇心保持他们对自己的兴趣。演技高超的人能在最佳心理时刻迅速看出别人的偏见、歧视、喜欢和厌恶之情，并充分利用。

2. 内在的和谐。控制自己的思想，达到内在的和谐，这样你才能拥有好性格。

3. 目标明确。没有计划和目标，只会成为虚度人生的拖延症患者，必然不令人喜欢。要拥有令人喜欢的性格，你必须有至少两个明确的目标：一是与他人建立和谐的关系；二是设立一个主要目标，作为自己一生的事业。

4. 衣着得体。性格讨喜的人选择的衣着不仅适合他自己，还适合他所从事的职业。第一印象最为深刻，衣着不当会让人产生根深蒂固的偏见。衣着不会起决定作用，但得体的衣着会给你带来良好的开端。

5. 身体姿势和仪态。人人都会根据走路的姿态和身体仪态来判断别人。具有敏捷的身手和优雅的仪态，说明你具有敏捷的大脑和敏锐的洞察力。

6. 声音。语调、语气及声音中的感情色彩都是展现性格的重要组成部分。尖锐的声音让人难受，让人觉得受冒犯。

7. 真诚。这种品质的重要性想必无须赘言。没有真诚，你就无法获得他人的信任。

8. 选择合适的语言。讨人喜欢的人会选择适合自己职业的语言，避免说俚语和脏话。

9. 沉着冷静。沉着冷静是建立在自信和自制的基础上。不具备这一点，别人就会厌烦你。

10. 良好的幽默感。这是至关重要的一点。没有幽默感，你的人生就会遭遇一系列的起起落落，而且起的时候少，落的时候多。

11. 无私。自私的人绝不可能拥有讨喜的性格，谁也不会喜欢自私的人。

12. 面部表情。面部表情是准确表达你内心情绪和想法的媒介。人们可以通过它准确分析你内心的想法。

13. 思想积极。消极的思想和讨喜的性格二者格格不入，因为别人可以感受到你思想的波动，所以你要确保自己传递的是积极的思想，这样才能让别人感到愉悦。

14. 热情。缺少热情的人不能引起他人的共鸣。不论推销什么商品，热情都是推销术不可或缺的组成部分，推销个人服务也不例外。

15. 健康的体魄。病恹恹的人吸引不了别人。再说了，没有健康和活力，你也无法保持热情。平时注重保养，清理身体毒素，很多人也就不会因为身体原因而失去工作了。

16. 想象力。丰富的想象力是最重要的组成部分之一。缺乏想象力，人们会觉得你呆板无趣。

17. 做事有分寸。很多人都是因为做事没分寸而丢掉工作，更因为没分寸而失去更好的机会。做事没分寸常常表现为说话口无遮拦、冲动鲁莽。

18. 多才多艺。对当前流行的重要话题及人生深层次的问题有大体的了解，这有助于你形成令人喜欢的性格。

19. 善于倾听。训练自己倾听的能力，在别人讲话的时候不要打断，因为这是没教养的表现。让自己的耳朵倾听他人，让自己的舌头休息一番。

20. 语言有说服力。塑造讨喜的性格，这是重要的一点。说服力是推销员最宝贵的财富。不具备这一点，那不等开始推销，你就注定失败。这种艺术可以通过训练来获得。要想说得有趣，我的建议是：用充满热情的方式说值得听的内容。

21. 个人魅力。个人魅力与适当展现的性感息息相关。它是各行各业伟大推销员和伟大领导者的重要资产，也是好性格的重要组成部分。

上面所列的品质看起来可能很多，但是只要你有决心，再加上适当的训练，你就能获得其中大多数的品质，从而形成令人喜欢的性格。

在准备推销自己的服务时，你须要对照上述所列品质认真审视自己，找出自己的不足，并立刻纠正这些不足之处。你肯定希望自己的服务能够获得最大的回报，但是别指望它带来的回报能超出其本身的价值。要想增加回报，请提升自己的价值。你首先可以做的就是重塑你的性格。在这么多构成讨喜性格的因素中，想必你能找到一些自己尚有不足的地方，那就是你开始重塑自我的地方。

这里分享几个成功人士的故事，他们获得成功不是因为教育程度高于他人，而是因为他们更懂得推销自己。这些故事应该对你有所启发。

威廉·詹宁斯·布莱恩在美国风靡的时间长达三十多年，他的自我推销如此成功，可不仅是因为演讲水平高超。布莱恩其实不算伟大的思想家，他这么受欢迎，是因为他能够通过激发人们的想象力吸引人们。他悦耳的声调也是他如此受欢迎的一大原因。

威尔·罗杰斯的工作是扮演小丑，在这一岗位上，令人喜欢的性格为他赢取了巨额的财富。他并不是优秀的专业演员，但他懂得如何让别人喜欢自己。

纽特·罗克尼让圣母大学足球队成为美国人气最高的球队。他具有高超的演技，能够用自己的个性感染球员。每个人身上都有一种名为"个人氛围"的气质。这种气质其实就是讨喜性格及消极个性的各个组成元素在一个人身上的综合体现。这是一种富有感染力的气质。

每一个企业、每一个工作场所也有自己独特的氛围，它是由各个员工的个性综合形成的。如果一个人的性格是令人喜欢的类型，他的这种性格就会感染工作场所，与之相反，如果一个人的主要性格比较消极，他的消极态度也会传染给企业里的每一个人，让整个企业的氛围都变得令人难受。

就如爱默生所说的："一个人的影子能盖住整个企业。"请注意，你的个性会影响你的家庭氛围及企业氛围。

当你走进芝加哥的马歇尔·菲尔德百货商店或者费城的

约翰·沃纳梅克百货商场时，你会感觉身心愉悦，深深地被吸引，因为这里具有积极的氛围。每个家庭都具有自己的氛围，你可以清楚地从中看出这是个和谐家庭还是个矛盾家庭。

工作场合的积极氛围或令人愉悦的氛围，不仅是企业无形的资产，还是该企业最重要的资产。只有在思想积极的员工的共同合作下才能形成这样的企业氛围。

一个人如果把怨气带入工作场合，他就像是在一锅汤里丢了一粒老鼠屎，给自己的同事带来很大的伤害。明白这个道理的雇主会认真挑选员工，保证只有性格良好的人才能进入自己的公司。

现在让我们看看消极的个性是由哪些因素构成的。你可以分析一下自己，不要无意识中带上这种消极气质，让别人厌恶自己。

1. 不忠诚。忠诚的品质不可替代。不忠的人其他品质再好，拥有的财富再多，也注定一事无成。这种人不可能有效推销自己，因为不忠的本性一旦暴露，市场就会拒绝接受他。

2. 不诚实。诚实的品质同样不可替代。这是构成一个人性格的基础。没有良好的品格，谁也无法有效推销自己的服务。

3. 贪婪。贪婪的人永远都不可能受人喜欢。这种本性是掩藏不了的。它会明显地暴露出来，人人都能看到它，人人都会逃避贪婪的人。

4. 怨恨。心怀怨恨的人绝对无法形成令人喜欢的性格。所谓物以类聚,不论一个人用多好的礼仪,做多大的努力来掩盖这种本性,恨人者人恒恨之。

5. 嫉妒。嫉妒也是一种消极性格,只不过形式较为温和罢了。这是摧毁讨喜性格的致命性因素。

6. 愤怒。不论是主动产生的愤怒还是被动引起的愤怒,都会招来别人的敌意,让你变得不受人喜欢。

7. 恐惧。恐惧使人厌恶,让你吸引不了别人。每个人都必须避免6种基本形式的恐惧。这些恐惧属于消极的心态,想要形成讨喜的性格,你首先要做的就是消除这6种恐惧。

8. 复仇。谁也不会喜欢一心想要复仇的人。

9. 吹毛求疵。总是吹毛求疵的人绝对无法受人喜欢。这种人应该多花点时间找找自己的问题。

10. 传播谣言。老话说得好,"来说是非者,便是是非人"。人们或许难免会听到别人传播流言,但他们不会喜欢这样的人。

11. 过分热情。过分热情和缺乏热情一样糟糕。一般来说,适度的热情比毫无节制的热情有效得多。谁也不喜欢一说起来就滔滔不绝的人。

12. 说谎。任何一个家庭、任何一个企业都不欢迎爱说谎的人。有些人习惯说谎,但这种品性会破坏别人对自己的信任，引起别人的敌意。

13. 找借口推卸责任。爱找借口的人永远不会受欢迎。即使把不属于自己的责任揽在身上，也好过把错误的责任推卸给他人。

14. 夸大其词。宁愿轻描淡写，也不要夸大其词。过分夸张只会让别人失去信心。

15. 自负。过度自负的危害是最大的。只有一种自大是可以让人接受的，那就是用实际行动表达对他人有利的想法，而不是说说而已。自信是必不可少的重要品格，但是也应当用不引起他人厌恶的方式，针对明确的目的展现适度的自信。一切形式的自我欣赏都容易被认为是自卑的表现。因此，你的座右铭应当是"多做事，少说话"。

16. 固执己见。固执己见、刚愎自用的人也不会受人欢迎。当然，适度的坚决果断和坚持己见是有必要的，但是不要什么事情都一味坚持。

17. 自私自利。谁也不喜欢自私自利的人。这种品行只会招来各式各样的反对。

消极个性的构成因素不止这些，但总的来说，这17条算是危害最严重的。你可能会发现，正是因为其中一些因素的存在，你才会受到别人的抵触。只有克服这些有害因素，你才能形成令人喜欢的性格。在对照上述各项审视自己的时候，请不要心软，请记住，把"敌人"揪出来，就相当于抢得先机了。

本文讨论的是非常私人的人性问题。在你审视自己的内心之时，请记住，本书的目的不是安抚你的虚荣心，而是让你理解并完善自己，从而更好地推销自己。

如果想掌握本书所述的各项法则并从中获益，请牢记一点，那就是在阅读本书的时候，要严肃地进行自我批评。讨喜的性格可以培养。要获取它，你得有足够的自制力，并主动去克服不良的习惯。

本书的写作目的是帮助人们在不侵犯他人权利或不引起他人反感的情况下，将自己的服务转化成财富。当然，这需要很大的努力。罪犯之所以被送进监狱，是因为他的行为反映的是消极的性格；同样道理，你的人生会停留在什么位置，就看你的行为呈现的是什么样的性格。

让我们用这两句话结束本文的讨论吧：

1. 讨喜的性格可以帮你有效地推销自己；
2. 良好的品格可以让你的自我推销久盛不衰。

合作精神

没有合作精神，谁也无法有效地推销自己！如果你想成为不可或缺的员工，你必须养成合作的习惯。

安德鲁·卡耐基曾经说过，缺乏合作精神是导致失败的重要因素。他还强调说他最不能容忍的就是没有合作精神的人，就算这个人别的能力再高也没用。他的解释是，如果一个人缺乏配合他人的能力或者缺乏争取别人配合的能力，这个人会变成企业的干扰元素，他的负面影响传播出去会带来灾难性的后果。相反，如果一个人既会配合他人，又能让别人配合自己，在他的影响下，企业就会形成共同努力或团队合作的氛围。

他愿意为这种合作精神支付报酬。

亚历山大·格雷厄姆·贝尔博士及其他几位科学家做过无数的测试，他们发现在一个由一千人形成的组织里，即使只有一个人吹毛求疵，他也会影响身边每一个人的心态，形成矛盾和不满。

成功来自力量！而力量则来自有序组织、合理地运用的知识。要合理地运用知识，就须要团结合作。不明白团结合作法则、不懂得充分利用这一法则的人注定会失败。

大型企业都明白员工和管理层之间的通力合作是企业最宝贵的财富。

未来运营良好的企业都会注重培养员工的团队精神，而过去的企业经营则很少要求这一点。成功的企业经营者都明白缺少团结协作精神的企业绝对不可能获得成功。仅仅有合作的精神还不够，更要有合作的行动。这一点非常重要，请谨记。

这些话说得非常坦白，因为我相信如果你不能充分理解并合理运用团结合作这一法则，你未来绝对无法有效地推销自己！请注意"团结"这一词。要想实现有效地合作，试探性地合作是不够的，你必须本着团结一致的精神进行真正的合作。

消化不良、酗酒都会让一个人失去合作能力。爱发牢骚的人容易变得神经过敏。对企业主而言如此，对员工而言亦是如此。大家想要的是有效而令人愉快的服务。

岗位不过是你展现自己能力的机会。你在上面投入多少，就能得到多少。

如何创造岗位

不论你推销的是什么，丰富的想象力都是不可或缺的。

想象力有两种——一种被称为合成想象力，另一种则是创新想象力。

合成想象力指的是将两种或多种理念、原理、概念或法则结合在一起并赋予其新作用的能力。几乎所有的发明都是由合成想象力创造出来的，因为它们都不过是旧原理和旧理念的重新组合或创新利用。

创新想象力则是对全新的理念、计划、概念或原理进行解释。这些创新性理念、计划、概念或原理不可能是由五种感觉能力直接产生的。

想象力可以培养。努力追求想象力可以带来丰厚的回报。

我们在此主要讨论合成想象力，因为它是推销各种个人服务或商品的关键所在。

想象力运用得越多，就会变得越丰富！从这个角度看，它的作用机制和身体器官或细胞组织的作用原理相同。

有些人误以为想象力是很复杂的东西，只有大才才懂得充分发挥其作用。

詹姆斯·希尔还在当报务员的时候，就通过想象力发现用横跨北美的铁路连接美国的东西两岸的重要性。这种看见未来的能力就是想象力，正是因为有这种能力，他才创建了大北方铁路公司。詹姆斯·希尔能发挥想象力，别人也能做到这一点。

有序组织起来的想象力，其价值比任何能力都高。它市场广阔、价值连城。经济危机也不会摧毁想象力的市场，只会增加对想象力的需求。这个世界一直都需要懂得利用自己想象力的人。

报酬最高的职位是富有想象力的人为自己能争取到的职位。请发挥你的想象力，找出刺激经济的方法，不管它适用于哪个行业，你都能获得丰厚的报酬。国家面临的难题不止一个，而是有千百个难题亟待解决。从国家面临的难题中选择一个，利用自己的想象力找出解决办法，你就能赚到自己想要的钱。

世上总有新的做生意的方法，也总有更好的方式做生意。未来需要的新方法还会更多。这种需求就是你的机遇。发挥你的想象力，将这种机遇变成财富吧。

盘点一下你所在行业的问题，用自己的想象力找出其中一些问题的解决方法。如果你现在没有工作，就找出你最熟悉的行业，用你的想象力制定一些计划来改进该行业某些方面的做法，这样你很快就能找到好工作了。只要你够优秀，职位也可以为你量身设置。

当今商业的发展日新月异。这是一个给拥有想象力并能充分发挥想象力的人专门打造的时代。在经济陷入停滞之时，所有的商人都愿意不惜一切方法走出困境。你可以找出有用的、独特的新想法，并把它推销给商人们。

如果你担心自己会失去现有的工作，请不要浪费时间担心这担心那，用这些时间制定一些计划，提高自己的工作能力，或者改善雇主的经营状况。这样你就能成为雇主不可或缺的员工，从而也就能获得更高的薪酬，保证自己稳固的地位。

关于职业选择

帮助人们更好地选择工作的建议很多,但是对那些刚刚完成学业、没有工作经验或择业经验的年轻人来说,这些建议还是不够的。

选择一生的事业是年轻人面临的两大选择之一。另外一大选择则是对结婚对象的选择。

这两个选择在很大程度上决定了你的人生是充满幸福和富足,还是会遭遇痛苦和贫穷。

对缺乏经验的年轻人来说,选定一个适合自己需求的职业是很困难的。如果让我在高中毕业前就选个职业,我应该会当报务员,因为这是当时最能满足我想象力的职业。幸运的是,有一位毕业后上了商学院的校友回家来度圣诞节,在返校之前,他让我与他一起去上学。上商学院这个决定是我一生中最重要的决定之一。首先,这种培训让我有了谋生能力;其次,让我认识了美国最伟大的几位商业领袖和工业领袖。

在担任秘书期间,我也相当于是跟从我的雇主学习,我必须承认这个经历教给我的东西比所有学校教育给的都多。我认为每个人都要在学习一些商业课程、亲身体验多个行业之后，再选择自己的职业。这样，你才有机会权衡和考虑不同行业能为你提供什么机遇，也才能在了解相关工作具体知识的情况下选择自己的职业。

曾经受过的商务培训就成为我解决经济问题的力量之源。每一次找工作，我都能成功地推销出我从商学院学到的知识，且获得的报酬远超过生活所需。

这些商务培训让我有幸成为埃尔默·盖茨博士和长途电话之父亚历山大·格雷厄姆·贝尔博士的下属。从这两位博士身上我学到了无比宝贵的知识。同样，我在当医生助手的时候学会了很多有用的生物学知识，在给一位著名律师工作的时候了解了很多法律和法定程序，这些都对我大有帮助。

在为别人工作时候，我的每一次升职都来自从商务培训中学到的知识。同样，我毕生的事业也要归功于此，这让我有机会认识了安德鲁·卡耐基、托马斯·爱迪生、亨利·福特及其他众多成功人士，他们对我的成功学说的形成帮助极大。

现代商学院是连接学界与商界的桥梁，因为商学院提供的培训可以弥补大学和中学教育的不足。

普通学校应当培养能为商界提供有效服务的学生，但实际上往往做不到这一点。我自己也曾聘用过不少年轻人，有些毕业于普通学校的商业系，有些则毕业于现代商学院，我发现后者比前者要优秀得多。

如果你想成为商界的高管，到商学院接受培训是必不可少的,因为高级主管必须储备相关的经验,而这些经验只有商学院才能提供。

如今的商学院都有足够的远见,它们看到新的商业道德正在大萧条中孕育,它们为自己的学生提供必要的准备,使之能适应新时代的到来。

而普通学校整体上并未看到这种需求,即便看到,它们也没有采取行动帮助学生适应它。

本文是专门为那些还没有选定毕生事业的年轻人而写的。如果你属于这类人,不要急于选择职业,要先接受完整的商务培训,并至少用两年的时间实践你所学的知识。之后再作的决定会比你现在作的合理得多,因为这种实践让你有机会向成功人士学习,而且在实践过程中,他们还会支付你薪水。

对我而言,接受商务培训纯属机缘巧合,但是,你不要因为碰巧才学商务知识,而应当主动去学这些知识,帮助自己进行自我推销。

很难判断商学院教给我的知识到底价值几何,原因有二。首先,我现在尚处于壮年,我认为自己正朝着事业的巅峰前进;其次,通过商务培训,我找到了自己最喜欢的事业,从事这个事业让我获得了幸福感。幸福感和满足感的价值不是单单金钱就可以衡量的。如果非要我给自己受过的商务培训定个价,我估计它的价值应当不低于100万美元。我只付出了500美元左右的现金和一年的时间来学习，这项投资带来的回报却如此丰厚。

商学院有一种氛围对年轻人特别有帮助，那就是这里的学生每天思考和讨论的都是如何提供有用的服务。普通的大学和中学则完全是另外一种氛围。

今天的职场竞争十分激烈，只有了解业务基础的人才能生存下来。人们在职场上遭受的大多数失败，都是因为对企业组织的基本原理一无所知。这种知识是必不可少的。

此外，在商学院学习过的学生很容易就能赚够大学学费。我知道很多成功大学生都自己赚学费。只要你能熟练操作打字机，懂得做速写笔记，那么跟不具备这些技能的人相比，你在大学期间赚的钱会多得多。

婚姻会带来的责任和各种问题，须要用聪明的头脑和明智的行动来应对。受过商学院培训且有一定工作经验的人能做好更充分的准备来承担家庭责任。商务培训就像是一道保险，让你保持独立性。

本文所言并不意味着所有的商学院都值得一上。幸运的是，美国大多数的商学院都比较好，其管理者也都尽心负责，但和别的行业一样，商学院也是良莠不齐。成立时间比较久的商学院师资和设备都比较好，否则它也无法维持这么久。另外一个值得考虑的因素就是商学院管理者的商业及道德标准。操守和师德低下的学校维持不了多久。最后还要考虑的问题就是学校的师资力量。

能自己承担一部分或全部学费的年轻人能从商学院和大学教育中学到更多的东西。我曾经给很多学生做过演讲。自己打工赚学费的学生都是早早到场，占据前排座位，而靠家长付学费的学生则往往姗姗来迟，坐在观众席的后排，以便演讲一结束就早早离场。我相信如果能够追踪这些学生进入商界后的表现，自己打工赚学费的学生在工作中遇到的困难肯定会比靠父母的人少。

我相信你也会同意这个论断。

对大多数人来说，贫穷强迫你去做该做的事情，若非来自经济的压力，你可能并不会做这些事。商学院毕业生在推销自己时遇到的困难比较少，其中一个原因就是他们成长的家庭经历过贫穷。

这个时代为我们提供无尽的机遇，因为几乎每个行业都亟需领导人才。机会最多的，是那些受过完整商务培训的人。这个年代，即使是年轻人也能身居高位。

和25年前相比，如今这充满机遇的年代更要求效率。这个生产效率极大提高的大机器时代对人的工作效率也提出了更高的要求。本书前文已经谈过几条能够助你提高效率的法则，每一条法则都不难遵守，实施起来很容易。

最后，还想请你注意一条法则，这是决定你事业成败的最关键因素。这条法则非常简单，但是很多人，特别是没有工作经验的年轻人可能会忽略其重要性。

这条法则就是"充满信心、坚定不移地坦然接受失败，将之视为学习有用知识的一种经历"。在遇到严重的挫折之时，很多人都会选择放弃。

人生充满挫折。只有坚持不懈、愿意战斗的人才能战胜挫折，其他人只会被挫折击败。不要希冀自己是个一帆风顺的幸运儿，因为普遍规律不会因你而出现意外。每个人都会遭遇困境。你应当将困境看作一个信号，它告诉你要把自己手中的一切都做到最好。

在做公共事业的时候，我有幸认识很多取得伟大成就的人士，并与其中一些保持着亲密的关系。他们每个人都遇到过须要不断抗争才能克服的挫折。

坦然接受生活的苦辣酸甜，要记住，圆满的人生是由多种滋味构成的，没有遭遇过失败会让人变得妄自尊大，让生活变得了无生趣。一味失败却没有成功则会让人失去斗志。要乐于接受自己的成功和失败，不要期望一帆风顺，因为这是不可能的。

看看一位很受欢迎的作家是怎么说的吧！

下面就是本文最精彩的部分，来自好莱坞专栏作家埃德·沙利文。他曾经对很多人进行观察，想看看是什么帮助他们成功地推销了自己的人生。或许有的年轻人会觉得不用付出代价就能成功进入好莱坞或其他领域，沙利文的建议对他们应该有很大的帮助。他是这么说的：

> 前几天，波士顿的一位教授建议毕业班的学生抛

开自己的雄心，接受救济生活。纽约大学的一位讲师也说了类似的话。我的阅历比这两个人都多得多，我去过更多的地方，见过更多各式各样的人，更贴近地观察过生活，所以请允许我给刚从高中和大学毕业的年轻人说几句话。

本月美国大学的毕业生达到50万人。这是不是说你赢得竞争的机会只有五十万分之一？当然不是！那50万人中，有一半会因为自己的懒惰、缺少抱负、不肯承担责任而失去竞争的资格，因为我发现在这个世上，有一半的人在努力追求成功，而另外那一半的人则是自找失败。这样算来你的对手就减少一半了。疾病、暴躁、酗酒、赌博会再排除很多人。

看看肯塔基赛马会就知道了。去年入围赛马会的马有110匹。这些入围马匹都受过最好的训练和最精心的照顾。110匹马里面最终获奖的有10匹，而在生活中，你直接面对的对手比这还少。

所以我不担心自己将要遇到的对手和竞争，他们比你想象的要少得多。高中毕业后也不要担心自己是不是上得了大学。南加州大学最近还给一位高中都没毕业的男孩颁发了理科硕士的文凭。这个男孩就是华特·迪士尼。

就在几年前，华特和他的哥哥罗伊还穷得连饭也吃不饱。他们到餐馆吃饭只敢点一份餐，要两套刀叉和汤勺。

你可能会觉得当今这个年代非常特别，新生一代没有机会获得荣誉。并非如此。电影行业的成功人士都是一路奋斗而成功的。

保罗·穆尼出身贫寒；山姆·戈德文当过手套推销员；大卫·塞尔兹尼克的父亲曾是富翁，但早已破产；米高梅的实权人物路易斯·梅耶小时候食不果腹；华特·迪士尼曾四处受嘲弄，为狡猾的商人所排挤。

他们并没有半途而废，所以今天你才能知道他们的名字。他们都充满雄心和勇气，百折不挠。没有人帮他们勇攀高峰，没有人为他们创造工作，也没有人告诉他们找到工作后如何保住它。你也一样，不会有人告诉你要做什么，该怎么做。你得自己学会这些事情，要让自己适应环境。这是你一个人的事。

这几年听过广播的人应该都知道两场比赛：乔·路易斯对战马克思·贝尔，以及亨利·阿姆斯特朗对战巴尼·罗斯。贝尔选择放弃，裁判倒计时的时候他单膝跪地不起。在阿姆斯特朗对战罗斯的比赛中，罗斯也被狠狠地击倒在地，但他奋起反抗，不让裁判有机会宣判比赛结束。

人生中，你也可以像马克思·贝尔那样跪地不起，也可以像巴尼·罗斯永不言弃。你可以选择放弃，也可以继续前行，选择权在你自己手中。

今天的立法者全心关注穷人的问题，几年前这是完全不可能的。我们成立了公民保育团和公共事业振兴署。全世界都有意采取更强有力的措施减轻民众疾苦。

所以说，刚刚踏入社会的年轻人啊，不要为表面的问题所压倒。明天依然是个好天气，更大的回馈在等着你们。不要向生活索取太多，如此而已。最后，如果你能收获小小的成功和很多的爱，你就是生活的胜利者。

如何安排时间

要想有效地推销自己，首先你要在合理安排时间的基础上制定一项计划。只要你着手安排时间，你就会惊讶地发现遵从这个建议会给你带来多大的帮助。为什么说你会感到惊讶？因为你会发现自己之前浪费了那么多的时间。经营良好的企业都有自己的预算系统。推销自己也好比做生意，而且对你来说，这是世上最重要的生意。只有合理地安排自己的时间，你才能经营好这个生意，让它为你带来更多的回报。

经验告诉我们，大多数人都可以遵守下面的时间安排。经验也告诉我们，这是一个高效的时间安排。

8小时睡眠时间

8小时工作时间

4小时休闲和锻炼

2小时学习充电

2小时为他人提供额外的无偿服务

合计：24小时

在推销自己之前，先认真地审视自己，尽量让自己的时间安排符合以上的时间表。

须要特别注意的是最后两项时间安排，它们是最有用的时间段，因为你在这些时间里做的事情最能决定你是否能够有效地推销自己。

你会发现，根据这个时间表，你须要花两个小时学习充电，从而提高自己的工作效率。大多数人的时间安排都缺少这一项，有些人甚至连个时间安排都没有。

你还会发现，这个时间表要求你花两个小时为他人提供无偿的额外服务。这大体上就是你在工作中为他人提供超值服务的时间，它等于你工作时间的四分之一。如果你能遵守这个时间表，你做的事情就会增加约四分之一。做到这一点并不难。这并不是说你一天必须工作12小时，而是说你应该在8小时的时间内完成现在12小时才能完成的工作。

这两个小时的额外服务可以用不同的方式来实现，而不仅是加班。两个小时的额外工作可以等同于：

1. 更积极地配合同事和主管；

2. 更令人喜欢的言谈举止；

3. 提高工作技能；

4. 带着明确的目标工作，或设置明确的工作量，就如推销员为自己设置明确的销售额一般；

5. 对工作充满热情和兴趣。

不重视时间安排的人是怎么做的呢？下面这个时间表很好地反映了普通人的做法。

1. 8小时工作时间，但一边做事，一边盯着时钟，心里想着什么时候下班。

2. 8小时睡眠时间。

3. 8小时时间以各种方式消耗自己的精力，包括参加聚会、大吃大喝、饮酒无度、沉溺于性爱乃至其他更为有害的习惯。

合计：24小时。

你可以对照这个时间表认真审视自己的时间安排，这也是自我分析最重要的组成部分之一。请务必勇敢且坦诚地对照此表审视自己。不要模棱两可，而应毫不留情地精确分析自己。请记住，你的行为决定了你自己。看看自己的行为会帮助自己攀登成功的阶梯，还是让自己一步步堕落，走向失败。

做完这一项自我分析之后，你或许就能发现是哪个习惯阻碍了自己走向理想的人生位置。你也能发现自己须要做一些改变才能有效地推销自己。通过这个分析，一般人都能注意到在成功推销自己之前须要对哪些习惯作出改变。

要获取成功，不付出代价是不可能的！

成功的代价前文已经说得很清楚了，本文所述的亦是其中一项。

有经验的医生在给病人开药方前，都会坚持对病人做全面诊断，以确定病情。诊断是医生最重要的工作，对你来说也是如此。要想有效地推销自己，你得先确定自己的弱点是什么，是在什么情况下暴露出来的。你还得养成良好的习惯，消除或者弥补这些弱点，使之不要影响自己。

如果你是出于不重视，没能进行这一自我分析工作，那本书对你来说就没有什么价值了。

读完本文之后，我想请读者对自己业余的8小时时间安排作一番分析。我曾经让很多人分析这8小时时间，帮助他们摆脱贫穷和困苦。这8个小时是人生的关键所在，它可以化失败为成功，也可以化成功为失败，结果取决于你是怎么用的。

须要澄清的是，我并不是一个改革派，我也无意控诉那些想要通过非传统的玩乐放松自己的人，因为玩乐放松与工作学习是一样重要的。写下面这几段话，我是想警告有些读者，不要把8个小时全部花在所谓的放松和玩乐上面。

这是一个变化飞速的年代，这时代对行动的要求之高前所未有。千百万本该致力于推销自己的人都纷纷卷入这个时代的涡旋，越转越快，直到完全失去平衡。

这些耽于享乐的可怜人在疯狂地旋转中用尽了那8小时，甚至本该用于睡眠的8小时，也拿了2到6小时来享乐。这样做的后果最终会影响8小时的工作时间，因为效率降低，他们又会失去2到6小时的工作时间。

我认识很多年轻人，他们年纪也就20多岁，看上去却显得苍老，体力也很差。这些年轻人就是在慢性自杀，他们也失去了有效推销自己的最重要资产。

人类身体是一个精密的系统，一天24小时，需要8小时来完全放松。人类社会也是一个精密系统，一天24小时，至少要花8小时来提供某种形式的有用的服务。不论是休息还是工作，这两个8小时都必不可少，不能挪作他用，否则必将带来严重后果，让你走向失败。第三个8小时是你唯一能自由安排的时间。

这第三个8小时就是决定你未来的关键，这个时间怎么花，决定另外两个8小时产生的效果是好是坏。你最须要关注的就是这段时间，因为它给你的自由往往也意味着一种诱惑，吸引你像别人那样沉溺于享乐。我们或多或少都会受到习惯的影响。

固定时间进行工作和睡眠，或多或少有助于你养成理智的习惯。如果你偷取了本该用于睡眠的8小时，大自然迟早都会介入进来，把你送去医院，让你暂时停止这种行为。如果本该用于工作的8小时，你也侵占了其中的一部分，经济问题就会降临到你身上，让你停止自己的做法，因为你必须赚钱来支付衣食住行所需。

第三个8小时则是自由的时间，你可以拿来浪费，也可以用来充实自己，提高自己的效率和赚钱能力。一切取决于你。

观察你在这8小时内的行为习惯，因为不论你是谁，不论你从事的是什么事业，这些习惯就是决定你未来的秘密。如果你一文不名却渴望财富，这个时间段就是你唯一的希望。

在分析自己、寻找阻碍自己成功的原因之时，你会发现分析过程中发现的大多问题之所以产生，都是因为自己习惯性浪费这8个小时的时间。

作为一名员工，如果你想要获得升职机会或提高收入，你可以在这8小时休闲时间内找到办法。

暗示的力量支配着我们每一个人。我们多数人的习惯都会受到身边人的影响。这个年代到处充斥着没用的习惯，要想不受其影响，你须要时刻保持警觉。对每一个想要有效推销自己的人来说，这是他必须付出的代价。

酒会令人兴奋。对有些人来说，酒会很好玩，但对所有人来说，酒有害无利！如果你没有拒绝和朋友一同参加这些聚会的毅力，你最好换掉自己的朋友，找一些能带你做有益事情的朋友。这种聚会在当今这个年代非常流行，但是会给沉溺其中的人带来严重伤害：降低你的效率，意味着降低你赚钱的能力，并最终让你损失自己的财富。

年轻人的体力较好，即便活力受损严重，表面上也不太看得出来，但是你欠下的健康"债务"迟早都须要偿还。大自然不会忽略这一点！她悄悄地记下每一笔账。不仅如此，她还会强迫你自己来记账。前不久我去医院探望一位老校友。这个人年轻时欠下了大笔的健康债，透支了自己的身体。他现在还没迈入老年，但是身体就已透支得厉害，于是大自然就把他送进医院这个审判法庭。检查发现他的大脑部分受损，简单地说，他正在走向精神错乱的不归路。

这些话听起来像是禁酒主义者的说教，但这不仅是说教。这位校友在10年的时间里暴饮暴食、酗酒无度、沉溺性爱，花光了自己8小时的休闲时间，甚至还侵占了另外两个时间段，让自己身体受损。我去医院探望他，就是为了帮他摆脱经济困境。过度荒淫的生活不仅损害你的健康，也会剥夺你的财富。

我并不是改革派，也不是什么传教士。这本书讲的是如何有效地推销自己。可若你推销的产品没有价值，有效地推销又从何谈起？写这么多，我的目的就是想为你描述有用地服务是由什么构成的。希望有些建议或话语能给你一些启示，让你看清自己目前的位置，为你指出更有效推销自己的道路。

从事公共事业多年，我见识过千百位成功人士成功推销自己的方法。篇幅有限，我无法对这些人所用的方法一一进行描述，只是选择其中一位，对他自我推销的法则进行详细地描述。

我选的这个人就是亨利·福特，他之所以能享誉全球，是因为他能够在不损害身边人权利的情况下获得自己想要的一切。我选择分析福特，是因为他所遵守的法则和每一个成功人士必备的法则是一样的。

我选择福特还因为我曾有幸近距离观察他很长一段时间，经过多年的观察，我相信自己能充分理解他所遵守的法则。

请务必认真阅读我对福特的分析。它值得你细细品读，因为这里面的信息可以帮助你打造自己的成功之路。写下这些，并不是为了给福特歌功颂德，只是想为读者精确地勾勒出他到底是通过哪些计划，利用哪些法则才取得了如此令人瞩目的成就。

读完此书之后，再回头看我对福特的分析，认真地审视自己，诚实、坦率地对照这些法则给自己打个分数。如果你能真诚地完成这项工作，你就能发现你与亨利·福特之间的差距在哪里。明确这个差距，你也许会深感震惊，也许也能从中受益。

这非常值得一试。

本书旨在帮你提高自己，但不讨论一下世界著名实业家是如何从一文不名走向功成名就的，这本书就不算完结。在阅读我对亨利·福特惊人成就的分析之时，请你记住，他并非一开始就是一个天才，他基本没上过学，作为一个先驱者，当他刚刚步入汽车这一新兴工业之时，整个国家都对他和"不用马拉的车子"不甚欢迎。

不要以为福特开始创业之时的机会比你在今天多，事实恰恰相反。巧合的是，我们今天拥有的大量机会却来自福特，这就是福特对人类文明的贡献。他造就了遍布全美国的公路系统，给城乡居民带来更密切的联系。他提供的就业岗位比历史上任何一个人都多。

本书之所以写他的故事，是因为从他的人生中，我们可以看到最为精湛的推销术。福特的推销方法从未被人诟病过。每一个被他影响的人，都受过他的帮助。

对福特进行分析之时，我首先描述的就是"目标专注"这一法则，因为在所有帮他走向惊人成就的法则中，这一条最为重要。专注于目标，这是福特创业时唯一的资本，但有这就够了。

你可以每天上班的时间比规定的提早一点，下班时间推迟一点。尽量跟自己的同事说他的好话。如果有额外的工作须要做，主动争取去做。如果哪一天老板委任你为部门领导或企业合伙人，请不要感到吃惊。

如何获取想要的职位

下面的方法，保证你能获得自己能够胜任的工作。我将对此方法进行详细地描述，但首先请注意，我并没有说它可以帮你保住你得到的工作。得到一份工作是一回事，保住这份工作则是另外一回事。因为本书已经花费大量笔墨告诉你要遵守哪些法则才能保住自己的工作，在此我就不再赘言了。

人们经常问我："你怎么让那么多成功人士接受采访，帮你打造你的成功学说？你是怎么说服他们腾出那么多时间的？"我的回答是："只要说的是他们感兴趣的话题，谈论的内容大多是围绕他们展开，你很容易就能得到和他们交谈的机会。"

谈到如何获取工作这一话题，道理也差不多。只要你有能力胜任一个职位，只要你申请该职位时采用正确的方法，获得自己想要的职位并不难。

如果你想要获得某个工作，或者想要通过个人交往获得他人的配合，下面这几页的内容会对你有所帮助。下面给出的建议只是为你提供一些基本指南来帮助你获取别人的配合。在运用之时，不得生搬硬套，应当对细节之处做适当修改，以适应实际情况之需。

假设你想要进入美孚石油公司工作，你不在乎自己的岗位是什么，你只希望能有机会展示自己的能力。

很好，只要你按照以下步骤，并根据自己的性格做适当修改，你基本上可以得到自己想要的机会。

第一，确定你想要的是美孚石油公司里的哪一个岗位，然后列出自己身上有哪些能力能胜任这个岗位，把它们一一列在纸上。如果你觉得列出的能力不足，就通过学习和观察类似职位的人来提高自己，直到你确定自己能够胜任这一职位为止。

第二，列出下面17条成功法则，对照每一项进行评分，每一项的分值为0到100分。在每一项法则后面详细说明为什么自己可以评上这个分数，你有哪些证据能证明自己的评分是准确无误的。

表1 成功法则实践得分表

法则	描述	得分
人生有明确的主要目标	此处描述你人生的主要目标，体现该目标与你申请的美孚石油公司岗位有何联系。如果你所申请的岗位只是你人生的垫脚石，你旨在争取更高的职位，请如实描述，并写明为什么你觉得自己能够晋升到更高的岗位上。	

续表

法则	描述	得分
自信	写清楚为什么给自己这个分数,并清楚说明自己明白自信和自我之间的不同。	
主动性	在此描述你如何在没有他人领导的情况下主动做事,并写明自己是否有主动的习惯。	
节约的习惯	在此写明自己是否有对时间和收入进行规划的习惯,并说明自己明白要实现自己人生主要目标,必须拥有这种自律能力。	
想象力	描述你如何使用自己的想象力。最好写明如何利用想象力来熟悉所申请的岗位,这样比较让人印象深刻。	
热情	写明你如何展示自己有克制的热情,热情程度几何,说明自己对积极和消极的理解。表明你最大的热情就是渴望获得你向美孚石油公司申请的这个职位,并说明自己为什么对此充满热情。	
自制力	解释这一项得分的依据,写明你如何运用这项法则在理智与情感之间保持平衡,也可以写明自己如何利用自律来让理智克制情感。特别是要表明你的自制力足以保证自己不与别人产生冲突,足够让自己在没有其他人领导或指导的情况下独立进行思考。	

续表

法则	描述	得分
做超出本职工作之事的习惯	要获得所申请职位，此项是关键。详细描述你为什么会习惯做超出本职工作之事。对求职者来说，这一项是17条法则中最重要的一条。在得到工作后要想保住工作，这也是极为重要的一项法则。因此，请着重阐述自己为什么把此项法则当作自己人生哲学的一部分。	
性格讨喜	在解释此重要法则的得分之时，至少提供5个理由来证明自己拥有令人喜欢的性格。尤其要详细描述你对他人的态度，不论你是否一直保持友好和合作的态度。描述你与朋友、亲人和生意伙伴协商时的性情。	
思维缜密	注意说明自己从事所申请岗位时会如何利用缜密的思维。说明你为什么认为自己在从事所申请岗位时能够运用缜密的思维，确保你的描述可以清楚地支撑这些理由。	
精力集中	说明自己集中精力做某项工作并坚持到底的能力，解释此项得分的依据。同样，也请务必表明你如何集中精力实现人生的主要目标。	
合作	描述自己为什么习惯本着和谐一致的态度与人合作，解释你不是偶尔这么做，而是习惯如此。	

续表

法则	描述	得分
从失败中吸取教训	没有不犯错误的人，所以请坦白承认自己会犯错误，但请说明你如何避免重复犯错，请务必写明自己如何从自己及他人的失败中获得成长。同样，也请表明自己理解失败和一时的挫折之间的差别，表明自己只会把挫折当成一种激励，让自己带着更坚定的信念从头开始。	
宽容	在解释此项重要法则的得分之时，请表明在自己理解中，宽容的意思是"对一切事物和任务持开明态度"。请务必描述你如何展现自己的宽容心。	
运用黄金法则	对自己运用黄金法则这一伟大人类行为准则的能力进行评分，解释为什么在你的决定会影响到他人之时，你会习惯站在别人的立场上考虑问题。	
健康的习惯	在解释此项得分之时，请务必说明你身体健康，你注重自己的饮食、锻炼，同时请务必说明自己不会因为身体问题而脾气暴躁。	
利用智囊团	利用智囊团法则，一人或多人可以本着和谐一致的态度协调自己的工作，朝着明确的目标而努力。请表明你理解这种团结协作的价值，你习惯遵守此项重要法则，并解释你为什么相信自己能在所申请岗位上运用此项法则。	

对照上述 17 条个人成就给自己打分，然后再写下面这封信（也可以适当修改），把它寄给美孚石油公司相关岗位的部门经理。

尊敬的蒂格尔先生：

我写这封信，是为了向您解释我为什么能胜任贵公司的×××职位，在解释这些理由之时，我也随信附上我在 17 条成功法则上给自己的打分，以及对每项得分的详细说明。

基于以下情况，我恳请您授予我所申请的岗位。

请允许我无偿在该岗位工作一个月。若一个月到期，我无法证明美孚石油公司这样的伟大企业需要自己，我会自愿辞职，而且在离开之前，我会向贵公司支付一笔合理的费用，以补偿这一个月试用期贵公司因我而产生的管理费用（如果愿意，你也可以省掉最后一项提议）。

如果您愿意延长试用期，我也乐意。我在试用期中唯一的请求就是，给我时间让我用自己的努力证明我与其他的求职者大不相同。我真正所求的并不是职位，而是在贵公司×××部门获得一席之地的机会。

您愿意给我这个机会吗？

×××

把这封信整整齐齐地打印出来，同样，也把自己在17条成功法则上的得分及自己为什么胜任应聘岗位的理由打印出来。

如果你想向不同的公司申请同样的工作，你可以向每个公司写差不多的信，并附上对自己能力的评分和说明，但请你务必花时间研究每个公司的业务，让自己的申请符合所求岗位的要求。

在针对17条法则给自己打分的时候，请你运用自己的想象力，用合理的措辞解释自己的得分，让收信人一眼就能看出你非常熟悉该岗位的要求。

在准备求职信的时候，请记住只要你这样措辞、这样评分，基本可以保证你能得到积极的回应，因为你很明确地向对方传递了一个信息，那就是你愿意先证明自己的能力，然后再要求别人购买你的服务。

同样也请记住，只有在所选岗位确实需要像你这种性格、教育背景和工作经验的员工之时，你才能收到肯定的回复。所以请做足够的先期调查，确保所申请岗位确实需要你，然后再申请该岗位，将自己推销给该岗位的决策者。

对17条法则评分之时，不能每一项都评太高的分数。至少其中几项要给自己低分，并解释评低分的理由。我曾经认识一个年轻人，他按照这里说的方法进行求职，可他太不谦虚，17条法则每一项都给自己评了100分。要是早点告诉他亨利·福特也不可能给自己打那么高的分数的话，他或许就不会犯这个错误了。

如果你的评分做得很准确，并能详细解释自己得分的原因，那你就拟好了一封特别好的求职信，仅其中的评分一项就能让负责人大感兴趣。请记住，在你对每项得分的解释实际上就是最强有力的推销演说。

在寄出求职信之时，请给相关负责人发送下面这封电报，同时，别忘了预付电报费用。

瓦尔特·蒂格尔董事长：

　　今向您寄出一封重要信件，望您的秘书能及时转交与您。

在信件中附上一张好看的个人近照。

同时，随信附上 5 位推荐人的姓名和地址，推荐人最好是企业或银行当前的从业人员。

注明自己的年龄、国籍和教育背景。

如果你做了充分的准备，并且非常慎重地选择投递的企业，那只要你投出 10 封以上的申请，势必能获得一个职位。换而言之，只要朝着不同的方向尝试 10 次，你基本可以保证得到想要的工作。

要强调的是，在写求职信的时候，你应当充分发挥自己的想象力和主动性。这封信里唯一不得改变的一条法则就是提供一个月甚至更久的试用期，而其他内容则可以适当更改，使之更符合你的性格，或者更符合你的需要，以获得更好的效果。

请记住，如果对方给了你尝试的机会，你务必遵守信中的承诺。如果对方给了你职位，而你有任何不真诚的表现，对方都会立刻发现，其后果当然不会给你带来任何好处。

我可以明确地告诉你，一个有能力、有诚心的人若愿意提供超出自己报酬的超值服务，他永远都不怕没工作。不管再来几场经济危机，这样的人永远都能找到自己的职位。提供超值服务不仅能帮你找到工作，它还是帮你实现升职的最稳妥途径。

如果在准确地对17条成功法则进行评分之后，你发现自己某条法则的分值太低，那这个发现就很有价值。如果你能采取相应的行动，就能弥补自己的弱点。这种评分是一种有意义的自我审视，你如果能直面自己，能够如实地描述自己的性格，将迎来人生中最重要的转折点。

不论你是否想求职，你都需要这种自我分析。每个人都需要这样的自我审视。如今想要不劳而获的人那么多，丧失了主动性、自信心和明确目标，转而依赖政府救济，在这样的年代，这种自我审视尤为重要。如果你愿意不劳而获地靠救济生活，这种分析对你没有任何用处。它只适合独立自主及愿意通过努力赚取自己想要的东西的人。

把自己推销给某个你能够胜任的职位，最好的办法就是按照这个简单的方案来做。运用过该方案所蕴含心理学原理的人有数千人之多，他们无一例外都获得了自己想要的结果。该方案所呈现的精神比其措辞要重要得多。这里要向你强调一个重要真理：按照这种方案求职的人非常少，相比之下，能这么做的人就能脱颖而出。如果你求职的时候提出愿意先展示自己的能力，然后再接受报酬，那超过99%的管理者都不会拒绝研究一下你的价值。你知道为什么世上最大的企业都会雇猎头挖掘愿意本着这种精神提供服务的人才吗？找到这种人之后，这些企业会马上雇用他们，而快速升职的大门也永远都为他们敞开着。

最后再说一句：如果你觉得这17条法则能够帮助你获得展现自己能力的机会，你不妨设想一下，在迈进工作的大门之后，如果你能妥善地利用这些法则，你将获得多大的帮助啊！换而言之，在利用这些普遍性的成功法则获得职位之后，请不要停止使用它们，而是继续将它们发扬光大，像亨利·福特那样实现你的人生愿望。看看亨利·福特在这17条法则上的自我评分（见下一部分），每一项评分都和自己对比一下，你或许就能发现自己与他的差距。你和福特的差别极有可能不在于智商或教育背景的不同，而在于对这17条法则的使用。如果你在自己的事业中使用这些法则，那你的事业也很可能会发展得像福特那般好。

世上无懒人。有些人看似懒人，其实只不过是尚未找

到最适合自己工作的可怜人罢了。

请谨记,不论做什么生意,客户都是第一要素。若不认同这一点,那你就等着过没客户的日子吧。

第三部分 榜样：亨利·福特

每个人都听过亨利·福特的大名，大多数人都知道他起于微寒，大字都不识几个，却通过自己的努力走上顶峰，但是很少人知道这位伟大的实业家是依靠哪些法则实现了自己精神和经济上的自由。本书第三部分将对福特及其所用方法进行全面的分析。这里讲的故事可谓是史上最伟大的销售奇迹之一。它不仅讲述福特如何把自己推向名利双收的地位，还讲述他如何抵抗种种试图推翻他的势力，最终保住了自己的巅峰地位。

受过良好教育的人懂得在不侵犯他人权益的情况下获得自己需要的一切。教育由内而生，要通过奋斗、努力和思考才能获得。

目标专注

在安德鲁·卡耐基的建议之下，我跟随福特先生学习了很多年。

20多年间，我每年都会对福特先生作一番细致分析。为福特先生著书立传的不乏其人，但我从这一年一度的分析中发现了一些他们从未提过的东西。我将一一说明这些发现。

我认识的人很多，但亨利·福特为我贡献的有用知识是最多的。我并不是个崇拜英雄的人，但让我万分感激的是，我有幸获得近距离观察美国最成功实业家的机会，特别是观察亨利·福特的机会，因为他的努力所涉甚广，他遭遇过人类能遇到的大多数障碍，却能一一克服。

亨利·福特是证明我成功学说最有力的证据。我通过他的成就来验证成功的基本法则，并依此建立了我的成功学说。若非有幸在汽车实业的运营中对他进行观察和研究，我的成功学说即便能完成，恐怕也得再多花25年的时间。

说这句话，是为了向福特先生致敬，他为我贡献的有用知识比其他人加起来提供的都要多。福特先生并非我眼中的完人，但是他可贵的品质和敏锐的商业头脑掩盖了他的缺点。

亨利·福特给我上了很有意义的一堂课，告诉我要给人生选择一个明确的主要目标，其他的目标和目的都要为这个主要目标服务。

在四分之一世纪的时间里，福特先生也是围绕着一个核心目标努力奋斗。这个目标就是生产和销售工薪阶层和农民都能买得起的汽车。

听过亨利·福特大名的人都知道他的主要目标是什么，知道他在过去的30年间是如何实现这个目标的，但是并非每个人都能正确理解这一目标的选择对福特的成就意味着什么。很少有人能像福特先生那样选择一个单纯的目标，并坚持不懈地为之奋斗。我会永远感激福特先生，因为这一堂课为我的成功学说奠定了坚实的基础。

若非亨利·福特的影响，我很可能不会为自己的研究付出那么多的努力、辛苦和牺牲。在潜心打造成功学说的那么多年里，亨利·福特坚忍不拔地追求目标的形象对我影响至深，在我每每想要放弃的时候鼓舞我坚持下去。

若我的文章能给你带来一些用处，那这些用处主要当归功于亨利·福特，因为在我观察过的成功人士中，他为我贡献的知识最多。

在福特先生的帮助下，我认识了亚历山大·格拉汉姆·贝尔博士、埃尔默·盖茨博士、托马斯·爱迪生、卢瑟·伯班克，我能为大家提供的有用的服务，都是直接来自亨利·福特教给我的知识，特别要提的是在他的影响下，我学会了选择明确的人生主目标并坚持不懈地追求这个目标。

我发现明确的目标会影响你的心理。发现这一关键因素并非巧合，而是来自对亨利·福特的观察。这个发现让我明白一个真理，那就是一个人的伟大发现和重要成就都可能来自其他人的影响。有时候我们会忘记感谢该感谢的人，有时候我们不知道成功的真正原因是什么，我们只会相信自己是创造成功的伟人，以此来自我满足。

就我而言，我宁愿坦白地承认我拥有的一切有用知识都来自其他更为优秀的人士。

一个人选择明确的主要目标并坚持追求该目标后，会产生什么样的心理？

1. 选择了明确的目标，坚信自己有能力实现该目标，并有意识地将该目标设为自己的主要愿望，你就能以该目标为蓝图在现实中进行实践。

2. 通过暗示或自我暗示接收明确的主要目标。如果你的意识中持续存在一个强大而热烈的目标，自我暗示这一法则就会发挥作用。

3. 拥有明确的主要目标，并坚信自己能实现该目标。

我将这些发现归功于（至少是间接归功于）亨利·福特的影响。我相信福特先生的伟大成就也是来自他对本书所述法则的理解和运用。不论是他亲口说过的话，还是我对他的观察，抑或他所取得的成就，都能证明这一点。亨利·福特获得财富并非运气或偶然。其他拥有一定智商的人若能像他一样运用这些法则，亦能复制他的成功。

从生理上看，亨利·福特与其他智商正常的人相比，并无过人之处。普通人不熟悉的优秀法则，他却能深刻理解和熟练运用，这才是他取得卓越成就的原因。我相信如果你不能有意识或无意识地集中自己的精力，并制定明确的计划实现某个明确的目标，那不论你从事哪一职业，你都不可能获得很大的成就。

目标明确，你才能有效地集中起自己的精力。注意力、目标和精力过于分散，你的努力只会一无所得、毫无意义。很多人都是因此而失败，他们却不知道失败的原因。

若你能下定决心实现某个明确的目标，该目标的实现就会变得相对容易。这个伟大的真理对我来说是个无价之宝。我正是通过观察亨利·福特所采用的方法，才明白这个道理。我并非唯一一个观察福特先生的做事方法的人，还有千千万万的人也同样在观察他，但和我有同样理解的或许只有寥寥数人。我的理解与别人不同，是因为我是研究人生和人性的。大部分时间里，我都在分析事情的起因，以此来研究其结果。千千万万的人都看到福特先生创造了巨额的财富，但能思考他致富原因的人几乎没有。出于对知识的渴求，我不断地追寻，并最终找到了他获得财富的原因。

如果你尝试过却遭遇失败，如果你做过计划却眼睁睁看着最终一败涂地，请你记住一点：名垂青史的伟人都是勇气的产物，而勇气则是在逆境的摇篮里孕育出来的。

坚持

亨利·福特让我明白坚持的价值。

我看着他白手起家,在一片片反对的浪潮中奋力前进,跨过一道道障碍,而很多人在遭遇这些挫折的时候,只会在第一轮交战中就举手投降。我看着他克服贫困、知识匮乏,正是因为坚持,他才能克服这些艰难险阻。

我观察过很多人,他们都取得了令人羡慕的成就,但没有一人能像亨利·福特这样有计划地安排工作,并坚持不懈地推行自己的计划。

他的毅力非常人可比,这是一种视失败为无物的毅力。

我认识的人里面,没有谁能像福特先生这般果断作出决定,也没有谁能像他这般持之以恒地坚守自己的决定。在上门拜访乔治·派克(派克钢笔公司创始人)的时候,我遇见派克先生的一个邻居,他从前是底特律福特汽车制造厂的首席工程师。他跟我讲的一个故事特别典型地反映了福特先生的毅力。当年,为了改进原T型车后轴的生产,工程技术人员精心拟定了设计图。方案做好之后,他们邀请福特先生进工程设计室检查。

工程师向他解释每一个改动的理由。福特先生一言不发地听着，等最后一个人说完了，他才走到桌子旁，指着设计图纸说："先生们，消费者对车的需求已经超出了我们的生产能力。现在一天24小时连续不停地生产，造出来的车也不够卖。只要这种状况得不到改善，我们就不会对福特汽车做任何修改，这个修改也不例外。"

会议到此结束。福特一句客套话也没说就转身走出房间。这就是亨利·福特典型的行事作风，一切都围绕着核心目标转。

多年后，福特的业务遭遇激烈的竞争，对车体设计进行修改已经变得刻不容缓。据说到了这个时候，福特先生才心不甘情不愿地给工程部门下达命令，让他们着手制定改进计划。A型车就是由此诞生的。这是史上第一款称得上美观的福特汽车。福特的这一转变出现得很慢。可以说他转变得太慢了，因为竞争对手已经提前迈出了一大步，时至今日，他也没有完全挽回那次的损失。

后来，公众普遍希望车企进一步改善汽车的性能。这一次，福特先生的行动变得更为果决，很快就拿出了新的车型，四轮驱动，其他方面的设计也有所改进。亨利·福特总是在深思熟虑之后才更改自己的计划。正是因为他总是坚持不懈地推行自己的计划，即便有时候别的计划更为实际，他也不轻易放弃自己的计划，所以他的计划才能实现。福特先生不是那种会屈服于反对意见的人，他也不会轻易为批评意见所左右。过于坚持或许不是好事，但是不太坚持或没有坚持更为糟糕。

坚持需要勇气，在坚持某个新观念的时候尤为如此。很多人都不会很快接受新的观念。不仅如此，很多人还会打击那些试图创造新事物的人。没有坚持，普通人很容易屈服于批评意见，而且是在计划尚未成熟之时就会放弃。

1908年，莱特兄弟为了让飞机驶离地面连续奋战三个昼夜。当时我也在场，飞机终于升空，但盘旋了两三圈之后就撞毁在地面上。坐在我的汽车上的一个老人抬头看着我说："一点也不意外。那东西怎么可能会飞？"在这个老伙计眼中，飞机注定要失败，而我看见的，则只是一时的挫折。早在那个时候，对亨利·福特恒心的观察已经让我受益匪浅。

巴拿马运河计划刚启动之时，批评西奥多·罗斯福的美国人比比皆是。民众普遍认为只有笨蛋才会做这种事。他们指出，之前已经两度尝试开拓这条运河，都没有成功，大家预测美国政府会白白浪费一大笔钱，这项投资会颗粒无收。在戈瑟尔斯将军的英明领导下，政府坚持执行了巴拿马运河计划。事实证明，这项投资是美国历史上最成功的投资之一。

伍德罗·威尔逊总统要求国会通过《联邦储备法》之时，美国的银行家们也纷纷批评他。他们说该项法律如若通过，会给银行业招致灭顶之灾，强烈要求中止该法律，而现在，区区几年过去，该项法律为银行业提供的保障已经证明了它的价值。历史证明，威尔逊的坚持比银行家的怀疑更有价值。

坚持是杰出领导者的重要属性之一。没有坚持，也就没有长久的领导力。坚持有两层意思：长久持续、坚如磐石。一个人计划不好却懂得坚持，另一个人计划完美却在执行计划的时候犹疑不决，前者成功的概率更高。

坚持是福特最突出的才能之一！他是那么顽强，甚至达到了顽固的程度。正是因为这种坚持，他只会承认一时的挫折，而不会将之视为彻底的失败！所有懂得坚持的人都能够区分一时的挫折和最终的失败。他们知道一时的挫折可以成为自己的垫脚石，帮助自己达成更高的成就。缺乏恒心的人不能明白这个道理，甚至不用一时的挫折，小小的困难都会让他们缴械投降。

信念

亨利·福特教会了我信念的价值。

没有信念的人也不懂得坚持。坚持的基础就是信念。

什么是信念?

信念是一种心态,在你开始追求自己的核心目标或次要计划之前,它就能帮你看清它们。

信念是一种心态,心怀强烈的愿望,不断地暗示要全面实现该愿望,你就能达成这种心态。

亨利·福特展现的信念让我明白一个道理:在将自己的愿望转化为现实之前,不要坐等合适的时机,而要把握手中一切能用的工具。我发现,真正意义上的合适时机永远都不会到来。如果我们只是等着各个条件都合适了,才开始实现我们的主要目标,那我们永远都开始不了。

始于当下才是正确的做法。

对福特先生进行分析,我发现他一直坚信"始于当下"这个道理,并能坚持做到这一点。刚进入汽车行业的时候,他是被迫养成这样的习惯的。在他开始实验"不用马拉的车子"时,时机并不是太好,但他还是一往无前地投入该行业。正是因为坚持从当下开始,他才不得不做出牺牲,白天做一份工作，晚上做汽车实验。他在事业的早期非常缺资金，但是他用信念战胜了一切困难，于是奇迹发生了，他的信念为他带来了成功！

早年间，我的对手不断地败坏我的名声，不让我向世人传播我的成功学说，让我的事业遭遇重重困难。在福特先生的影响下，我明白只要心怀信念，对手再顽固也没用。我一心投入自己的工作，不被任何事物左右，从不回应别人的批评，也不向朋友解释，只是秉着满心的信念相信自己的计划。结果并未让我失望。

1929年，一场大灾难重创了世界，这就是著名的大萧条。千百家银行关门歇业，数百万的人失去工作。商业、金融业、工业、政界领袖们纷纷退却，选择藏身幕后。到处都充满恐惧的心理，只有寥寥几个领袖人物能坚守自己的岗位，能对美国的未来充满信念，亨利·福特便是其中之一。其他人还在嘴上讨论恢复繁荣之时，福特先生已经走向繁荣了。其他的汽车生产商选择解雇数千名员工，而福特先生却把他们都收入自己的企业。只有充满信念，一个人才能走过1931年和1932年这样的艰难时刻。

对福特先生来说，大萧条并非全无干扰。其他目光狭隘的人疯狂地冲向银行取钱，逼得银行关门歇业。福特先生存在银行的钱并不比他人少，却像什么事也没发生那样，依旧把钱放在银行里，满怀信心、从容地经营自己的生意。这需要信念。亨利·福特就是有信念的人，正因为有信念，他才能创造财富。

我们每一个人都有自己的希望和愿望，但是这些不会也不能取代信念！

如果亨利·福特只是希望实现自己的核心目的，他只会像其他千百个汽车生产商那样经营自己的事业。他遇到的艰难险阻和反对意见远超一般人的想象，却获得了成功，这正是因为他拥有信念！

每一年都有不少自以为是的人预言福特会摔个大跟头，华尔街会夺走他的企业，而福特只是坚持自己的路，还把这条路走得越来越宽。

知识分子常常贬低亨利·福特，因为他"没受过多少学校的教育"，但在这些人里面，成为亿万富翁的几乎没有。福特先生懂得在不侵犯他人权益的情况下获得自己想要的财富，或其他类似的东西。就凭这一点，他受过的教育就能超过世上99%的人了。福特之所以能得到自己想要的一切，正是因为他拥有信念！其他人如果也能像福特一样满怀信念，必然能获得同样的成功。

通过理性地内省、思考和实验，他明白：人可以超越自己大脑的局限性，具有无限的潜能。多数人的大脑都存在局限性，而福特先生却能扫除这个障碍，所以他才能取得傲人的成就。

亨利·福特是在农场里长大的，自然界有序地更替，为他坚定的信念打下一个基础。抬头看着天空，他看见满天的繁星精确有序地在太空中运行。从这个景象中，他得出一个结论，那就是自然界总是围绕着一个目标运行，大自然从土壤中生产出人类需要的东西，它的生产是那么丰富，那么高效。

大萧条发生之时，福特先生认为自然界并不存在萧条。他看到太阳还是那般照耀着大地，温暖着草木，让土里的种子生根发芽。他看到1930年和1931年间的自然界还是那般精确地运转着，与华尔街崩溃之前没什么两样。看到这些，福特先生得出结论：经济萧条是人为的危机。从以往的经历中，他明白人类有能力消除自己制造的一切事物。有了这样的见识和信念，亨利·福特明白在人们的心态恢复平衡之后，大萧条带来的风暴就会过去，和谐也终将代替混乱，所以他一如既往地经营自己的生意。

我们都知道，他的想法是正确的：

拥有坚定信念的人是不会被打败的！

如果一个计划行不通，他会制定另一个计划，因为他知道失败的只不过是那个计划，而不是他自己。拥有这种信念的人即便从未踏入过校门，也算是受过良好教育的人。亨利·福特明白一切成功都是建立在自信和信念之上，但知道这一点的人很少。他还知道经济危机之所以绵延不绝，就是因为人们失去了这两个成功的前提条件。

虽然福特身上也有很多缺点，但我建议有时间批评亨利·福特的人，还不如花点时间研究他、模仿他。曾几何时，我也喜欢像其他人那样批判他，而现在，我谦逊地试着在自己的事业上践行他的一些法则。正是依靠这些法则，亨利·福特才成为整个美国工业史上最杰出的人物之一。福特的成就教会我的东西，比其他任何一个人都多。对我来说，他是世上最有意思的两个人之一，另外一个人就是印度爱国者"圣雄"甘地。

巧合的是，福特先生和"圣雄"甘地有很多共同之处，其中一点就是二者都拥有坚定的信念。甘地顽强的信念唤醒了民众齐心协力，顽强奋斗。这是人类史上前所未有的成就。

心怀信念是一种难得的素质。每一个心怀信念的人都值得我们去学习，去模仿。

在福特先生的职业生涯中，他遇到的挑战不止一次，但他与这些手握重金、位高权重的人斗智斗勇，每一次都获得了最后的成功。对手再狡猾，也比不上他坚定的意志。华尔街的一些银行家想必不会忘记自己与福特先生交手却一败涂地的经历。那些狡猾的对手想要夺走他的事业，但他巍然不倒，因为他相信自己能做到这一点。亨利·福特遭遇过很多挫折，但每一次挫折都让他受益匪浅。凭借着从挫折中收获的知识，他建立了自我防卫的堡垒，迄今为止，尚未有人能突破这座堡垒。

本着为他人提供有用的服务的诚挚之心，怀着坚定的信念做事，不论你从事何种职业，都能成为伟大之人。

果决

亨利·福特教会了我果决的价值!

我把福特先生的做事方法与其他人作对比,我发现作决定优柔寡断,作完决定又经常更改的人,基本上不会取得什么值得一提的成就。从福特先生的做事方法中,我学到了这个道理:

在犹豫不定时,务必做些事情,即便你只是绕着街区边走边想要做什么也好。

从亨利·福特身上,我明白优柔寡断是很多人遭遇不幸的主要原因;优柔寡断会让人沮丧,让自己遭受折磨。

危急时刻优柔寡断,会毁掉你的领导能力。大萧条伊始,在几乎各行各业的领导者身上,我都看到了优柔寡断的迹象。在正常情况下做事果决的人,到了这个时候也变得不知所措,只知躲在被窝里面瑟瑟发抖。他们想必是信了这句话:不做没把握的事。

跟优柔寡断的人相比,果决的人犯的错误很可能会比较多;而跟从不作决定的人相比,他犯的错误必然更多,但是请记住,果决的人即便十次决定错了九次,在剩下的一次正确决策中,他也能取得远远超过常人的成就。

什么是决策？决策就是进行完整地思考！决策者应当是会思考的人。要完成一项决策，你要缜密地思考，大多数人却完全忽略了这一点。

特别奇怪的是，人们总爱逃避自己作决定的情况。很多人都不遗余力地逃避思考，而不是带着思考去工作。

让我们来分析一下，看哪些法则能帮助我们作出聪明的决定吧。

1. 在作出决定之前，确保自己已经掌握一切相关的事实。

2. 学会区分事实和传闻，即便区分二者费一些工夫也无妨。

3. 学会区分重要事实和琐碎事实。

4. 如果作决定之时不能获得一切相关事实，也要用你的经验、常识和理论知识来弥补缺失的事实。通过这样的方式作出的决定应有所保留，如若后期发现掌握的事实不准确，应及时做出更改。

这四条规则看似简单，但若能坚持，不仅能帮助你快速作出决定，还能帮你作出聪明的决定。

在有条件获得事实的情况下却靠臆测作出决定，这是不可原谅的。亨利·福特根本不会依靠臆测来作决定！懂得为自己打算的人也都不会这么作。

这世上最不缺、最廉价的就是看法。每个人都有很多看法。不仅如此，几乎每个人都可以自由地发表看法。谁也无权独占对某一事物的看法，除非你能在认真思考、仔细分析事实（或让别人以为你是根据事实分析情况）的基础上形成该看法。很多看法都一文不值，就像你要求别人发表看法时，他们也不会向你索取一分钱一样。

正常人天生就具有理性。理性思考能力让你能够区分事实与虚幻，但是很多人都没有好好利用这种能力，因此导致能力出现退化。亨利·福特却能充分利用它，让它变得更为强大。

有些读者会提醒我说福特先生也有决策失误的时候。或许还有一些人问："他的这些决定，你有什么可说的？"

我要说的可多了。实际上要不是篇幅所限，我想说的会更多。首先，福特先生有勇气，有公平意识，在发现自己作出错误的决定后能够及时纠正。谁也无法保证自己的每一个决定都百分之百正确。每一个人都有可能犯错误，都有可能判断失当。

像福特这样成功的人作过的决定不下数千个，亨利·福特并非永远不会犯错误。谁都做不到这一点！我们每个人都会犯错误，但对我们大多数人来说，最大的问题是犯的错误不够多，因为我们不到迫不得已，都不愿思考，也不愿采取行动。就我而言，我宁愿屡战屡败，也不愿意不战而降。

福特先生并非故步自封的人，我确信他不是这样的人，他能在没有侵犯他人权益的情况下摆脱贫穷桎梏，并积累巨额的财富。此外，他还给身边的人带去巨大的财富，为员工提供顶级的薪水。这些事实有力地证明了亨利·福特能够正确思考，而懂得正确思考的人必然是握有决策权的人。

体育道德精神

亨利·福特教会了我体育道德精神的价值。

我花了超过四分之一个世纪的时间观察福特先生,我看见他欣然拥抱成功,但也同样坦然接受失败,以此来克服对批评的恐惧。他从未对敌人进行反击,从未以任何方式抱怨他们对自己的所作所为。即便他与道奇兄弟意见不一,他也是在尽可能不给对方造成损失的情况下解决了交易问题。反正我是没听他在采访中谈及此项交易。

很多人在福特公司刚成立的时候就加入该公司,他们有的给公司投了几千美元的资金,有的人为公司提供过服务,有的人二者皆有,这些人后来都赚取了巨额的财富。这些人想离开的时候,福特先生并没有拦着不让走;这些人赚的钱已经远远超过当年的投入,但福特先生也没有拦着不让他们抽回自己的资金。从公司成立之时,亨利·福特就展现出真正的运动员精神,虽然也有人评论说他过于"冷酷无情"。

有时候,我也听福特公司之前的一些代理商、推销员或工人谈及福特先生对下属的"冷酷无情",但就我所能掌握的情况看,他的"冷酷无情"在于他总是想方设法地调动下属的积极性,并提升他们的工作效率。

我敢保证,在 1930 年前后汽车行业达到饱和之前,在福特先生的督促下,经销商的业务发展得比他们自己想的都要快。或许很多经销商都需要福特督促,我们大多数人亦是如此。在雪佛兰汽车的营销达到顶峰的时候,汽车行业的竞争也变得十分激烈,记住这一点,我们才能公平地看待福特先生。福特先生知道要想应对这种竞争,就得让自己的经销商发挥出更积极的作用。我们还要记住这一点:福特先生采取的一切推动经销商积极性的做法,虽然给自己带来过一些好处,但给经销商带来的帮助则更大。他逼迫他们卖的车越多,他们为自己创造的利润也显然越丰厚。他为提高汽车生产效率和营销效率所做出的努力,并不能证明他的"冷酷无情",而应当被经销商视为真正的帮助。

福特先生并不是个亲切的人。他的个性并不柔和,而是坚强不屈,执行计划毫不妥协,即便如此,他也是个富有体育精神的人,因为他心中最重要的就是造出、卖出价格和功能都适合普通人的车。我从没听人质疑福特先生的诚信,别人想必也未听说过这样的话。他的对手最常诟病的不过就是他的"冷酷无情",但是,想想看福特先生经营的企业规模有多么大,你就能明白他为什么不能对人有求必应。企业要有明确的策略,要有明确的计划来执行该策略,效率是先决条件。福特先生一贯坚持的就是这样的策略和计划。若非如此,他也不能取得今天的成就。

只有很少的人能看到制造业和销售业从业者的低效，但职业生涯刚刚起步的亨利·福特就能看清这一点。他意识到自己正处于机器时代，这个时代盛行的是适者生存法则。他当然也明白，适应时代意味着每个人都要提高效率。他制定计划，让自己的企业能够适应时代需求，并获得了巨大成功。

这样的企业策略符合一切体育精神。一个拥有15万名员工、每年采购的原材料有数百万之多的企业，若不能成功实现高效运转，只能注定失败。

很多在别人眼中比福特先生更有体育精神的人都没能撑过大萧条。由此我可以肯定地得出结论，人们有时候会把某种放纵误认为是良好的体育精神，实际上代表的却是低效无能。

福特先生提供的永远是最高的薪水。反过来，他也获得对等价值的服务。如果我对体育精神的理解没错的话，这才是真正的体育精神。

听说专业的慈善工作者曾当面斥责福特先生不为慈善做贡献。我对这种斥责的公正性表示怀疑。若一个人能像亨利·福特这样为成千上万的人提供有用的稳定工作，且薪水和工作条件都优于平均水平，他就是在用更为直接和有效的方法做慈善。福特先生相信直接捐赠并非做慈善的最佳方式，这样会毁掉一个人的自尊心，更好的做法是为人们提供机会，让他们通过自己的努力实现自给自足。在我看来，这才是做慈善的最好方式。这也体现了优秀的体育精神。

能从亨利·福特身上学到东西的不仅有企业和工业界人士，教育工作者也能从他身上受益匪浅。如果将他的经营策略运用到教育上，我们就能缩短在学校学习课程的时间。

政治家若能学习并运用福特高效的做事方法，也能有所收获。有人说若给亨利·福特足够的自主权来管理美国政府，保守估计他一年至少能少花五亿美元，我认为此言非虚。如果让他来当财政部的主管，我相信他至少能消除一般的繁文缛节及一些完全没有必要的冗余职位。当然，被他踩到脚的人会不停号叫，但我敢说纳税人绝不会有什么意见。

如果你听到有人批评亨利·福特缺乏体育精神，请认真调查这种批评。说这种批评的话的人不外乎两种：一是自己的效率跟不上福特先生的人，二是对任何逼迫人们提供对等价值的计划都不支持的人。

规划时间和开支

亨利·福特教会了我管理时间及开支的价值。

在观察亨利·福特时，我发现那些能够实现经济独立的人都能妥善管理时间，让自己的时间产生更高的价值。我相信工薪阶层仅仅靠省钱是无法实现经济独立的。很多人每天24小时白白浪费掉的时间比专心工作的时间还要多。所谓的白领阶层（或者说工薪阶层）和小商人尤其如此。

世界大战结束之后，浪费时间的情况在这两个阶层的人身上多得吓人，其常见形式就是酗酒无度，这种做法不仅让他们无暇赚钱，也伤害了他们的健康。有些人抱怨说为了健康起见，他们必须花时间放松自己。对于这些人，我想说的是，亨利·福特就很健康，而他并没有把时间浪费在娱乐上。

福特先生也有放松的时候。一般的人把时间浪费在娱乐上，让自己的精神萎靡不振，相反，福特先生采用的放松方式则能够充实自己的大脑，不会损害自己的健康。

按照计划安排时间和开支，这需要自我约束力，这种约束力是实现经济自由的必要素养，但是很多人都不愿付出这样的代价。从某种程度上说，或许正是因为如此，才会有这么多的人无法实现经济自由。我们大多数人看到亨利·福特的胜利时刻，都会感叹一句"真是幸运"，即便我们能不辞辛劳地分析他如此"幸运"的原因，也很少人有足够的毅力去走他曾经走过的道路。我花费了很多精力尽可能真实准确地分析福特，从中发现的处世方法和经营策略让我受益无穷。

本书有几页内容是在 6 月份最热的一天里写就的。在写下那部分内容之前，有个朋友打来电话，说要带我去乘船旅行。我很想跟他一起去，但前方墙壁上挂着的每日时间安排表告诉我自己没时间去。我有没有感到失望？一点儿也没有，因为我喜欢自己的工作，它代替了我的很多娱乐活动。自律的习惯常常让我没有机会浪费时间，但这并不会让我感到焦虑，而是让我面对一个新的世界，这个世界里到处都是寻求鼓励的人，我希望他们能从我的书中得到这种鼓舞。反过来，我也想在此感谢亨利·福特，感谢他教会我严格安排时间，让我变得如此自律。

开始规划时间之后，我的快乐并没有减少，相反，我现在比以前更为满足，因为我明白只有为他人提供有用的服务，才能拥有长久的快乐。

因此，严格遵守时间和开支预算不仅能帮助你获得经济自由，更重要的是，它还能给你带来快乐。

不带着别人一起前进却想实现名利双收，这绝无可能。

谦逊

亨利·福特教我拥有一颗谦逊的心。

同寒微之时相比，他的行为习惯、生活方式、待人接物的态度并没有发生变化。成功并没有冲昏他的大脑。他看上去有点严厉，更多是因为他的性格没那么柔和。

很多重要人物都是这样的。

福特先生从未自视甚高！他过着朴素的生活，从不觉得高人一等。他不是一个健谈的人，更确切地说，他很不健谈，也因此常常被诟病为冷峻、以自我为中心的人。

我还认为福特先生对人有点羞怯，部分也是出于自我防卫的必要。自他成名以后，很多人都来求见他，他不得不用羞怯的面孔躲避这些人。每年写信向他寻求各种各样经济援助的人不少于3万，这也难怪他像贝壳一样把自己关起来。这些信件也并非一无用处，他把它们全部打包起来当废纸卖掉！

总的来说，福特先生是一个非常淡定的人。他不会因为任何事物感到心灰意冷，也不会因为任何事物感到得意扬扬。

他能够理解并运用大自然无形的法则，这造就了他的谦逊。他与托马斯·爱迪生、卢瑟·伯班克、约翰·巴勒斯及其他同样优秀的人密切合作，这也说明他是多么尊重懂得运用自然法则的人。我认为，他如此谦逊，在很大程度上来自他和这些科学家、博物学者的合作。

因为他的这种谦逊，傲慢可以摧毁别人，却摧毁不了福特。福特先生自大？反正我从未听人这么说过，也从未在他身上看到这种迹象。如果你自大，别人迟早都能看出来。自大和谦逊是对立的两面。如果其中一个支配了你，另一个就会消失无影。

阅读本书的读者，或许也有人认为福特先生是个谦逊的人。有关他的负面报道误导了很多人，让他们忽略他的本性。他自己冷淡而又安静的态度，也无助于纠正人们的错误看法。

若你能透彻地理解大自然的法则，你必然拥有谦逊的内心。让我感到荣幸的是，我不仅了解福特先生，还对约翰·巴勒斯、托马斯·爱迪生的习惯和偏好了解得更多，我知道他们都有一颗谦逊的心。知识渊博且知道自己拥有渊博的知识的人，永远比那些一知半解的人要谦逊。

你可以为缺点找借口，但如果你想成为领导者，请务必严于律己。

养成提供超值服务的习惯

亨利·福特告诉我，提供的服务的价值要超过别人为你支付的金钱，这样做是值得的。

教会我这个道理的，不单是福特先生一个人，但是跟我有幸见过的其他人相比，福特先生用更多的方式证明了这个道理。不仅如此，他还证明能够有效利用这条法则的不仅有企业员工，雇主在对待员工的时候也能从这条法则中受益。

福特先生第一次与生意伙伴发生严重冲突，就是因为他们不了解这一法则。在事业刚刚起步的时候，T型车尚未面世，福特先生的一些合伙人想让他制造体积更大、价格更高的车。他们指出大型车带来的利润更高，这是它们的优势，而福特先生的意见则完全不同。他当时认为（之后也一直这么认为）最有价值的应该是价格尽可能低的小体积汽车。正是依靠这一法则，他才打响了福特汽车的名声，创造了巨额财富。

其他汽车制造商纷纷抬高价格的时候，福特先生却降低了汽车的价格。其他企业调低薪水的时候，福特先生却给员工加薪。你会发现，他的经营策略和其他商人的完全相反，而这一策略实施以后取得的巨大成功，也证明了这项策略的合理性。

在分析汽车行业的财务报告时，我注意到大部分报告的底部都会加上一条备注，大意是"上述报告不包括福特的经营状况"。要在财报里面加上福特先生的经营状况确实非常难。他的经营手段与其他企业完全不同，他几乎不为任何一个行业的规则所约束。他的经营手段独树一帜，不走寻常路。

我也见过几位像亨利·福特这样总是为人提供超值服务的人，他们每一个人都取得了非凡的成就。这些人在找到更好的新方法来经营自己的行业之后，都不再像其他人那样采用寻常的经营手段。

小威廉·瑞格理就是这样的企业家，他通过这样的经营方略创造了可观的财富。埃尔斯沃思·密尔顿·斯塔特勒也是这样经营斯塔特勒酒店的。

福特先生认为如果一个人做的事情不值别人付给他的报酬，要想获得晋升或增加收入绝不可能。不仅如此，如果一个人没有提供超值服务，别人也不会给他更多的回报。提供的服务要超过自己获得的报酬，不论是在处理与下属关系时还是在处理与公众关系时，福特先生都用实际行动证明了他对这条法则的坚持。

全世界的企业家，不论其经营规模是大是小，都惊讶于福特的成就，也都好奇他是怎么做到这一点的。他们都知道他生于贫寒之中，也知道他没有受过什么教育，也都知道在事业刚起步最需要资金的时候，他却缺少资金。他面对的不利条件这么多，却克服了一个个障碍，取得了惊人的成就，而大多数人在遇到这些障碍时，都会望而却步。人们羡慕他的成就，却没有意识到，他之所以能获得成功，是因为他恪守法则，其他人若也能这样，同样也能获得成功，而且福特先生赖以成功的这些法则都比较简单，很容易便能实行。或许因为福特的法则简单易行，愿意采用它们的人才那么少。他的方法简单而又不太寻常。很多人都害怕尝试新的理念，福特先生却会主动寻找新的理念。

在福特先生看来，美国商界盛行的大多数经营方法都效率不高，早已过时。

埃尔伯特·亨利·加里生前曾告诉我，美国钢铁公司每年都花数百万美元的经费消除员工之间的摩擦，而福特先生找的新的方法却能将员工之间的摩擦降到最低水平。他用事实证明该方法的切实有效。每一个对福特公司有所了解的人都知道该方法的效果。即便是最爱批评他的人也承认，福特用来提高企业经营效率的方法的效果实在是好得过头了！他们说这些提高效率的方法扼杀了每个人的个性。我对此表示怀疑，虽然我对庞大的企业了解有限，但我也敢保证，福特的几千名员工在别处肯定赚不到这么高的工资。

千万不要忽略这么重要的一点。

严格来说，福特先生并没有义务管自己的员工回家做家务积极不积极，也没有义务管他们家里的卫生情况是否有利于其身心健康。他是习惯比别人多走几步，习惯提供超出自己本职工作的服务，所以才会去关心很多员工的家庭生活，这样做的结果就是，这些员工不仅为福特创造了更多的价值，也为他们自己创造了更多的财富。别的雇主认为老板用不着管员工家里的事，结果很多员工的家根本就不适合人生活。

有些人根本就不注重个人习惯，整天邋邋遢遢的，这些人就应该接受外部的管理，需要外部力量帮他们过得更好。福特发现自己手下有这样的员工时，就会去管他们。这并不是不切实际的做法，只不过是福特经营策略的一部分，那就是让员工为公司、为他们自己创造更大的价值。

亨利·福特是个非常讲究实际的人。他了解人性，也懂得生活。他利用自己的这些知识，给自己，也给员工创造福利。我觉得这没有什么可让人诟病的地方。相反，我觉得这有力地证明了他的做法是可取的。

我花了超过25年的时间观察福特采用的策略和方法，但从未看到福特实施的哪项策略对员工或公众有不公正之处。不论他采取的做法有多么激进，多么非同寻常，只要你不带偏见地认真分析这些做法，你就会发现每一个做法都清楚地证明，在福特先生的心中，提供超值服务始终是第一位的。

有些汽车制造商在销售汽车零件和维修汽车的时候，简直是在抢劫客户，而福特却开创性地设了一个先例，保证福特汽车的每个客户都能以统一的合理价格获得统一的服务。因为在服务客户和售卖零件时欺骗客户而失去经销权的福特经销商不止一个。

众企业可以认真对待这一法则。

对福特的任意一项企业策略进行分析，你都能发现它们有一个共同的基础，那就是为了以最低的价格为公众提供最多的服务。在自己的事业刚启动之时，福特先生就开始实行该策略。曾经不止一位销售经理和主管因为不能贯彻这一策略而失去了他们的职位。

福特先生能够获得成功，是因为他理当获得成功！失败者大多四处寻找失败的原因，却忽略了最该查看的地方，忽略了在自己身上找原因。

如果你问亨利·福特，他会说自己的成功并没有什么神秘或神奇之处。在他看来，他获得成功并不是因为他才智过人，当然也不是因为他握有什么优势。他知道他的成功应当归功于一些合理法则的运用，别人若能运用这些法则，也能获得成功。让我一直感到惊讶的是，懂得效仿福特先生的人居然那么少。自福特先生创业以来，如昙花一现般出现又消失的汽车公司那么多。他们之所以失败，大多是因为他们对福特的策略不重视。

在非常凑巧的情况下，有些富有想象力和能力的人会对福特的策略进行分析，他们将这些策略用于其他行业，也获得了成功。其中之一是联合雪茄连锁店的创始人惠伦先生，另外一个则是大西洋及太平洋茶叶公司的创始人。福特先生还未功成名就之时，小约翰·戴维森·洛克菲勒就发现了他的一些法则，并能充分利用。美孚石油公司虽然面临激烈的竞争，却成为行业的领军。据我所知，它的经营策略和福特的策略最为相似。美孚石油公司总是为顾客提供超出预期的服务，这一点比对手做得好。每一个美孚石油公司下属的加油站都能证明这一点。

福特的策略让顾客能够获得比别处更多更好的服务。运用这一策略，马歇尔·菲尔德和约翰·沃纳梅克各自创立了美国最成功的两家百货商店。这项策略并没有申请专利，任何人都可以用。

要得到一个东西，最可靠的方法就是先付出某种有用的服务，如果你能明白这一点，那你就是一个幸运的人。对于提供超值服务这一法则，我不仅在口头宣传，也试着去身体力行。口头说教是很廉价的。很多人说起各种道理都滔滔不绝，真正去做的却很少。我的做法就是切实遵守我从福特先生身上学到的法则，因为我看到它们为福特先生带来的帮助。

我们正在步入新的时代，只要你习惯提供超出人们预期的服务，你就会受到欢迎。事实上，这个时代需要的正是这样的服务。如果未来你不愿意提供这种服务，或者不重视这种服务，后来的竞争对手必将夺走你的机遇。

独立的小规模经营很快就会成为历史。新时代需要超值服务，那些拥有更丰富想象力、能够预见这种巨变并且能够提供这种超值服务的人会挤走独立的小经营者。

如果你服务的质和量都能超出别人为你支付的报酬，你必会获得同等的回报。

有些人需要别人站在他们身后鼓励他们才能获得成功，有些人无论怎样都能获得成功！你自己选择做哪种人？

推销大师福特

亨利·福特教会我大师级的推销术。

我目睹福特怀着明确的核心目标,让自己的产品遍布全世界。能够取得这样的惊人成就的,除了推销大师,别无他人。

从很大程度上看,推销术就是明白所推销产品或服务的优点,并向潜在客户展示它们的能力。

我相信无论在哪个行业中,要想取得令人瞩目的成就,就必须成为推销大师。我得出这样的结论,不仅是因为在亨利·福特身上看到了这一点,也是因为在分析其他成功人士时看到了同样的道理。

表2 亨利·福特在17条成功的基本法则上的得分

基本法则	表现	得分
人生有明确的主要目标	渴望成为推销大师的人,定会不遗余力地朝着明确的目标而奋斗。	100分

续表

基本法则	表现	得分
自信	推销员若没有足够的自信，绝不可能成为推销大师。福特先生遇到过无数的困难，却能一一克服，因为他知道一时的挫折和最终的失败有何不同。多数推销员一直不明白这个区别，也正因为他们不明白这一点，他们才会被挫折打倒，而不懂得把挫折当作帮助自己攀登更高峰的台阶。	100分
节约的习惯	福特先生从一开始就养成了规划自己的时间和收入的习惯。有了这个习惯，他积累了大量的资金，足以应对任何错误和实验造成的损失。	100分
健康的习惯	福特先生并不是埋头苦干，而是动脑筋做事。也就是说他懂得与别人交往，从他们身上学习自己需要的知识，通过这样的方式有系统地清空自己的大脑，达到放松的目的。他对每一个习惯都保持节制。他克制饮食，吃的是普通食物，从不受忧郁症或其他病症的困扰。他的大脑是用来为自己服务的，不是用来替自己担心的。	100分
想象力	丰富的想象力是推销大师最宝贵的财富。福特先生就拥有这样的想象力。	90分

续表

基本法则	表现	得分
主动性和领导力	如果你总是等着别人帮自己制定计划，又等着别人帮助自己实施计划，你永远也成不了推销大师。福特先生通过自己的想象力制定计划，并发挥主动性将计划付诸实际。他用不着销售主管牵着自己走。	100分
热情	他把热情表现在行动上，而不是流于口头。因为他面对外人比较安静，所以他的这种热情不太明显，却足够让他发挥自己的想象力。	60分
自制力	福特先生大多时候都拥有稳定的情绪，因为他能够保持感性和理智二者的平衡。对像他这样阅历丰富、成就惊人的人来说，他犯的方向性错误或根本性错误已经算很少了。	100分
做超出本职工作之事的习惯	福特先生在这个习惯上做得很好。他曾经规定5美元最低日薪，让几乎每一个工人都愿意进行自我监督。利用这一策略，他并没有向工人支付更多的报酬，甚至他花的成本比别的雇主还更少，因为比起薪酬水平更低的工人，他的工人愿意付出更多。	100分

续表

基本法则	表现	得分
性格讨喜	虽然得分很低，他的性格也足以引导其他人听从自己的领导。	30分
思维缜密	在美国，这方面能比得上福特先生的人少之又少。能得到这样的高分，主要是因为他成功积累了巨额的财富。他思考问题时很少出现错误。	90分
精力集中	福特先生最突出的品格就是他能够坚持执行计划直到获取成功。他非常果决，只有深思熟虑过后才会改变计划。过去30年间，他坚定不移地追求一个明确的主要目标，即便现在亦是如此。	100分
合作	在推销中，团队合作是必不可少的。福特先生创立了当前最优秀的汽车分销机构。不管批评他的人再怎么批判他的铁腕手段，他也一如既往地维持自己的团队，为自己、为他人带来更多的财富。	70分
从失败中吸取教训	福特先生犯过一些人人都知道的严重错误，他却能采取措施弥补这些错误带来的危害，由此可见他可以从错误中吸取教训。	100分

续表

基本法则	表现	得分
宽容	宽容的意思是"任何时候对任何事物敞开心扉"。福特先生并非一直如此,但意识到自己关闭心扉的时候,能够很快重新敞开心扉。	90分
运用黄金法则	有些人会说福特先生这一项得分不该给得这么高,但如果你能对福特先生全部的企业策略进行分析,你就会发现这个评分还是准确的。他的企业规模庞大。因此,如果他实行的策略只是有利于个人,而不是采取更宏观的策略,他的企业也就生存不下去。	90分
利用智囊团	福特先生拥有如此巨大的力量,关键在于智囊团法则。也就是说,他能够"促使各方本着和谐精神工作"。福特先生创立了工业界最强大的智囊团。这个智囊团联盟的成员遍布每一个国家。福特先生的身边有各种人才,帮他做各种事情。即便他自己不具备获取成功的某些素质,智囊团的成员也能弥补他的不足。	100分

福特先生是美国第一位积极付出型的推销员。

自福特先生创业以来,曾经出现却又很快消失的索取型汽车制造商不下200家。其他汽车制造商纷纷把赚来的钱用于扩大生产，福特却把钱存入储备基金。这些在过去20年间纷纷败北的汽车制造商的经营者，如果拿来和福特先生作比较，你会发现他们身上的每一点都和福特先生恰好相反。

在多年的研究中，在观察亨利·福特之时，我有幸对成功哲学的每一条法则进行验证。福特先生是证明我成功哲学最好的活例，因为他正是以这一哲学为基础创造了美国商界最伟大的财富奇迹之一。

我也有幸在观察和分析其他成功人士之时验证这些成功法则，但福特先生为我提供的帮助比任何人都多，因为他具有非同一般的习惯，那就是他习惯不断创新，习惯通过实验来做事。

请认真研究亨利·福特在17条成功的基本法则上的得分。这些得分概括了他取得惊人成就的原因。在我看来，有两个地方绝非巧合。其一也是众所周知的一点，亨利·福特积累了巨额的财富；其二，在尚在世的人中[1]，他是继"圣雄"甘地之后在这些成功的基本法则上得分最高的人。这两点值得我们深思。

---

1 从作者写作本书的时间看。——译者注

积累力量

通过对福特先生的观察，我发现只有利用智囊团法则，你才能积累巨大的力量。上文已经说过，福特先生是一位推销大师。他之所以成为大师，不是因为他具有很大的人格魅力，而是因为他能够促进其他人和谐共处、共同努力。只有充分理解并运用智囊团法则的人才能取得这样的成就。

我第一次注意到这一法则是因为安德鲁·卡耐基，他把自己全部的财富都归功于对这一法则的运用。巧合的是，让我开始关注亨利·福特的也同样是他。他对我说，如果我想分析"一个有朝一日会主导整个汽车行业的人"，就去观察福特先生。

他的预言是多么有先见之明啊！

在第一次采访卡耐基先生的时候，我问他取得成功的主要原因有哪些，那时候我就发现了智囊团这一法则。他让我先说说自己对"成功"一词的理解。我解释说在我看来，金钱最能证明成功，而卡耐基先生则说："如果那就是你所谓的成功的话，花几分钟时间我就能跟你说清楚我是怎么赚钱的。"

"首先，"他说，"我的钱并不是自己赚的，而是在智囊团的共同努力下赚来的,这个智囊团由大约20名高管组成。"他告诉我每一个成员的名字,以及他们每一个人在实施智囊团法则时发挥的作用。他强调说要运用智囊团法则,关键的一点就是让成员的精神和行动保持和谐一致。他告诉我要注意不协调因素,即便只有一位智囊团成员有不协调因素,也会成为毁掉智囊团法则的力量。

请注意这一重点。

完成对卡耐基先生的首次采访之后,我开始对数百名成功人士进行研究,发现不论哪个行业,每一个获得巨大成就的人都会将智囊团法则纳入自己的企业策略。

智囊团法则是亨利·福特取得惊人成就的核心所在。他拥有两个主要的智囊团:一个负责生产汽车,另一个负责产品销售。负责销售福特汽车的智囊团(也就是他的代理商团队)是世上效率最高的营销组织。通过有效组织这股力量,福特先生为自己的产品打下了广阔的市场。不仅如此,他还与这个团队保持密切联系。这样一来,早在采购生产原材料之前,他就能了解到每年福特汽车的大致销量。所以说,难怪福特先生能比对手有更低的库存。

多年来,通过与智囊团的通力合作,福特先生对每个经销商所在区域的人口进行分析,从而精确地估计出每个经销商的销量。福特位于底特律的办公室会规定每个经销商要完成的销售额。额度一经确定就不能改变,每个经销商必须卖出规定数量的汽车,任何托词和借口都不能改变其额度。经销商若不能售出规定的数量，就得让位于其他有能力者。

正是因为这项策略，福特先生才获得了对经销商冷酷无情的名声，但请你记住，也正是因为这一策略，他的很多经销商才能发家致富！总的来说，经销商对福特先生的运营策略是非常满意的。

几年前，华尔街的银行家曾试图控制福特公司，那时候，也正是福特先生的经销商智囊团粉碎了他们的这一企图。对福特先生来说值得庆幸的是，这件事发生的时候，汽车市场尚十分灵活，公司能够通过增加销售压力来成功提高销售额度。

若你还记得福特与芝加哥论坛报打官司的时候，他对点动按钮发表的意见，你就能明白智囊团法则的成功利用并非偶然。很多人是偶然用对了智囊团法则才赚取了巨大的财富，但福特先生并不是这样的人，他是经过深思熟虑才刻意运用这一法则的。我从未问福特先生是在什么时候、什么情况下发现了这一法则的能量，但我有理由相信这个收获来自他与托马斯·阿尔瓦·爱迪生的交往。我曾听爱迪生先生提及福特的成就，每一次说到这个，他都会提到福特先生对智囊团法则的理解。

请允许我再次强调一句话，成功来自力量！

要获得力量，就要将知识组织起来，给予合适的引导，而要做到这一点，就必须协调两个或多个人，让他们本着团结协作的精神进行工作。聪明的读者当然能够明白这些话的重要性，也能够明白任何一种伟大的成就都有赖于对智囊团法则的运用。

我曾经听一些人说福特的企业终将覆灭，他的财富终会一朝尽毁。除非哪天汽车行业整个儿倾覆，要不这种事情发生的可能性很小。即便真的发生，福特先生也会在别的领域中发挥自己的才华，挽回自己的损失。

自制力

亨利·福特让我知道自制力的价值!

他并没有教我如何运用自制力这一法则,每个人都必须自己掌握对它的运用。

在多年的观察中,我发现福特先生一直保持一种令人羡慕的非常沉稳的状态。即便记者对福特先生大肆批判,他也保持沉稳,对他们不做任何回应。自制力稍微差一点的人,都会回应。

曾经有人给福特公司投入寥寥几千美元,赚了好几百万之后却还索要超额分红,在面对这些人时,福特先生展现了他优秀的自制力。在双方出现矛盾的时候,他依然一笔笔付清了这些人的分红,据我所知,在这些人离开之后,他并没有中伤或谴责他们。跟这些依靠福特先生发家致富,却因为这个或那个原因离开公司的人相比,福特先生要大度得多。

在我看来,最能体现福特先生自制力的就是他俭朴的生活方式。他从不会为了向公众炫富而天天参加各种庆典。他功成名就之后的为人处世,与当年在底特律的一家小型工厂里实验第一台汽车之时相比,并没什么差别。他教育儿子以劳动为荣，这也展现了他的自制力。

多年前，工会千方百计地与福特公司的工人联合起来，意图敲诈福特先生。这时候他也展现了强大的自制力。他并没有派人去把守各家工厂的大门，没有把工会拒之门外。他主动为工人提供良好的工作条件和较高水平的薪酬，让任何一家工会都挑不出问题。通过这种方式，他利用自己的智慧给这些工会设置了无法逾越的障碍，戳破了他们敲诈的幻想。

福特先生一直都能控制自己的情绪，这也展现了他绝佳的自制力。很多人都会为自己的情绪所操控。福特先生也有情绪，但他能够保持克制。很多人做不到。

前文提到福特先生对自己、他人都充满信念。鉴于他和一些比较贪财的同事关系一度十分紧张，只有拥有强大的自制力，他才能保持对旁人的理智。虽然福特先生也遇到过一些不值得信赖的人，但他依然不愿意给所有人都贴上不能信任的标签。大家都知道，他雇用了很多坐过监狱的可怜人。有一个刑满释放的人在向福特先生求职的时候，开口就先表示自己坐过牢。福特先生打断了他，说："别担心这一点。现在重新开始。"然后没有再做任何评价。这个人最后也离开了公司，但算是好聚好散，并没有像别的员工那样被列入黑名单。

在年事已高，大多数同龄人都选择退休之时，福特先生却还坚守在自己的岗位上，管理着一家大型的企业，这也展现了他非凡的自制力。

亨利·福特展现自己惊人自制力的途径很多，上面所述不过是其中寥寥几种。他的自制力让我在很多年里受益无穷，帮我修正了自己的很多做法。早年间，我常常感情用事，而福特先生则让我明白，不要放任自己的情绪去报复那些批评你的人，要把一个人全部的思想和努力都集中在一个明确的主要目标上，不为任何事所左右，这样才能取得更好的结果。

研究完亨利·福特，我发现在这个世界上，搞破坏的人多，做有用之事的人少。我还发现那些搞破坏的人迟早都会被自己的思想、行为毁掉。

如果你的话会在别人心中植下成功或失败的种子，请深思熟虑再开口。

集中精力

亨利·福特让我明白集中精力做事情是多么有价值！

福特先生很早就选定了明确的主要目标，并投入自己所有的时间追求该目标。他有效地将自己的时间和财富投在主线上，很好地展现了集中精力这条法则的智慧。

没有获得成功的人的主要弱点之一就是精力分散。这是我在分析过两万五千多名失败者之后才得出的结论。

在事业刚刚起步时，亨利·福特就明白集中精力的好处。他知道人的寿命太短，要想成为万事通是不可能的。这让我想起了安德鲁·卡耐基说的一句话。大约在 25 年前，卡耐基在接受我采访的时候说："你得把所有的鸡蛋都放在一个篮子里，小心照看这个篮子，不要让别人踢翻它。"他强调不论一个人做的是什么工作，集中精力做事情都很重要。

我常常想，亨利·福特教会了我那么多道理，但哪一个对我来说最有用呢？做出取舍很艰难，但在我看来，或许他在集中精力做事情上树立的榜样对我帮助最大。

在我人生大部分的时光里，我都在搜集和归类资料，以便形成一个简要的哲理，也就是成功学。这项任务工作量巨大。我要阅读非常多的书籍并吸收它们的精髓，这些书籍涉及生物、化学、天文、地质、经济、商业、哲学及其他众多相关科目。

只要与经济成就存在直接或间接的关系，我觉得自己都有必要深入了解。为了做到这一点，能找到的每一本励志书籍我都读过，从零星记载苏格拉底学说的书籍到有关爱默生哲学思想的书籍，应有尽有。

在进行这项繁重的研究之前，我对过去25年取得伟大经济成就的每一位著名人士都进行了必要的研究和分析，以确定他们取得财富的方法。

在搜集、组织、归类必要的数据之后，我还要对数据的可靠性进行检测，这项乏味工作也需要数年时间才能完成。

所有这些工作都须要集中精力方能完成！而且除了个别情况，我早期的努力并不能转化为金钱。

有时候我也会感到气馁，要不是从亨利·福特的商业学说中学到这么多道理，我觉得自己并不能完成这项工作。

还记得安德鲁·卡耐基曾警告我说，要完成我手中的工作，我须要心无旁骛、不求回报地奋斗至少20年的时间。他说也许我一辈子也享受不到奋斗的果实，因为对大多数哲学家来说，公众的认可都来得太晚。

卡耐基先生给我的这个建议并不能鼓励我集中精力去做一件在他看来对我没有好处或帮助的事情。我也一直惊讶，在面对如此多的困难之时，我竟会有这么多的勇气继续努力，这真是个奇迹。

无论正确的答案是什么，可事实就是：我能集中全部精力去努力，直到完成自己的学说，这主要得力于亨利·福特的鼓舞。

自我开始这项工作以来，世界已经发生巨大的变化，人们的风俗习惯也发生了日新月异的变化。

最后，大自然母亲让整个世界跪倒在她身前，用经济萧条和危机狠狠地打了全世界一个耳光。

自我开始钻研人们成功或失败的因与果以来，我眼前的世界发生了巨大的变化，以上所述不过是其中的一部分。

在第一次见到安德鲁·卡耐基之前，我从未想过我会花二三十年的时间打造成功学说。他对我的影响如此深远，让我踏上寻求知识、创建此学说的漫漫长路。

作为汽车的生产和销售商，福特先生是那么有能力，而我最大的愿望则是能够拥有同样的力量，以帮助人们解除他们在自己心中设置的枷锁。如果我达不到这个目标，那责任全在于我。

比起纯粹地追求金钱，大多数成功人士都会更努力地追求为他人服务，这是人类本性中很奇怪的一个特点，但却是真的。

主动性

福特先生能够发挥自己的主动性来设定并完善自己明确的主要目标，并将人生大部分的时光都贡献给这个目标。

福特先生早年曾经对自己的现状和未来进行评估，他发现自己通往成功的道路困难重重，没有人帮助他做这项评估，也没有人建议他做这项工作。这个想法是他自己产生的。

通过自我分析，他发现自己有很多弱点须要克服。在事业刚刚起步的时候，他就开始克服自己身上的这些弱点。

福特先生早期从自我分析和环境分析中发现了一个问题，那就是他缺乏明确的主要目标。于是他立刻开始确立一个目标。他天生喜欢机械和运输车辆，所以他开始做实验，制造不需要马就能跑的车子。这个想法是在观察一台利用蒸汽驱动轮子的便携式打谷机时产生的。

请记住这一点：福特先生开始实验的时候，这种实验还被人们视为异想天开。因此，他需要有足够的主动性才能与公众舆论抗争。农场主非常抵触"不要马拉的车子"上路，因为他们的马匹会受惊。他们非常明确地表达了自己的反对意见。在这种情况下，主动性稍弱一些的人就会举手投降。

过去的经历让我明白，世上的诱惑会吸引人离开自己明确的主要目标。如果你天生不具备足够的主动性，后天也没能获得足够的主动性，那每一个交叉路口都是诱惑你离开人生主干道的出口。

不论你从事什么职业，你遇到的艰难险阻都会成为你放弃目标的借口！很多人会因为困难而放弃，因为他们缺少挑战困难的毅力和主动性。主动性和毅力是福特先生最重要的两个品质。我觉得它们加上目标专一和集中精力这两个品质，是帮助亨利·福特成为美国首富的四大品质。

分析之后你就可以看到，福特先生正是依靠这四种品质克服了贫穷、知识匮乏这两个最顽固的对手。他正是通过这四个品质才走向成功的。

1. 明白自己真正想要的是什么。
2. 制定明确的计划来实现自己想要的东西。
3. 坚持自己的最初计划，或某些改良版的计划。
4. 集中所有精力和资源实现明确的主要目标。

以上说的是四种优秀的品质，正是依靠这四种品质，亨利·福特才能成为整个商界和工业界的传奇人物。我分析过的对象多达数千人，但我发现福特先生是最好分析的一个。他做事总是那么坦率直白、光明磊落。他没有秘密，他的整个人生就是一本敞开的书，每个人都可以随意阅读。

亨利·福特明白因和果的关系。遭遇失败的时候，他会立刻找出失败的原因。获得成功的时候，他也会认真记下成功的原因。我见过的其他一些成功人士在这方面没有像他这样花工夫，也不如他做得细致。

亨利·福特为什么能获得成功，我觉得原因就在这里。他树立起的榜样让我受益无穷，我衷心希望这对你也能有所帮助。我们的世界正处于非常艰难的时期，遭受一时挫折就心灰意冷甚至失去信念的人成千上万。

若你感到肩上负担沉重，你不妨自我安慰地想想，处于绝望时刻的并不是只有你一个，别人也和你一样遭受磨难。

好几百年前，一位波斯哲学家、诗人曾给皇帝提过一个颇富哲学意味的建议。他说："哦，国王啊，我感悟到世事如带着滚轮一般前进，这种机制决定了任何人都不可能一直走运。"

这种滚轮确实存在。它看不见摸不着，但说实话，它强大无比。这种运气的滚轮时刻不停地转动着。它决定了任何人都不可能一直走运，但也不会让你一直不走运！

千百万的人的人生滚轮在比较不走运的那一侧。请耐心等待！请不要失去信念！请坚持不懈走下去！记住，这个滚轮还在转动，虽然它的转动看上去很慢。

总有一天，它会转动到有利于你的那一面。

持有谦逊之心是一个好品质，而贫穷和困苦则是赋予你谦逊之心的最快捷方式。经济萧条能给世界留下深刻印象，让世人持有谦逊之心。

在编写本书之时，这个国家正在经历一种经济停滞状态，我们称之为经济危机。

在我对亨利·福特的分析中，最重要的分析当数本书第四部分所述的内容，因为这部分提出了一条能广为运用的法则，亨利先生能够如此成功地推销自己，让自己连续四十多年广受公众欢迎，这一条法则厥功至伟。

只有学会宽容地面对否定自己的人，养成为自己不佩服的人说好话的习惯，养成只看别人好的一面的习惯，你才能获得成功和幸福。

第四部分　赢得朋友：一条历经四千年考验的法则

下面要说的是与人际关系相关的一条法则，它是如此重要，只有它才适合作为本书的结尾。

在开始介绍这条法则之前，我想请你记住一点，富兰克林·罗斯福能成为美国人民的偶像，主要也是因为他一丝不苟地践行了这项法则。

若你想在自己的人生中成功推销自己，对他们二者进行比较必然会对你有所裨益。

如果我是总统

如果我是现任美国总统，我会给美国人民灌输一个理念，让整个国家走出混乱和冲突的泥沼，步入和谐和相互理解的平地。我会通过大众媒体把这个理念传递给所有人民。演讲时，我会用下面这些话来开篇：

> 朋友们，现已到了坦白说话、认真思考的时候了。若你们允许，我愿意做个坦白说话的表率，让我坦白地告诉你们，我们已经走到了文明的十字路口，面前有很多条路，我们必须作出选择。
>
> 今天，我们的债务有400亿美元之多，这个数字还在一天天增长中。无须赘言，想必你们也明白我们刚刚度过史上最严重的经济危机，这个经历沉重地打击了我们每个人。要想赢回我们个人的财富，并最终还清债务，我们必须重新打起精神，解决我们的政治争端和经济争端，团结一致，也就是说我们必须在精神和行动上都团结起来，每一个人都要看清一个事实：不论是否愿意，我们都必须互相守护。
>
> 只有依靠这种合作，让每个人充满希望、信念和

信任感，我们才能富有、自由。这时候我们也应该意识到，一场遍及全美国的精神复兴是多么有必要，没有精神复兴，单纯的经济复兴也不会带给我们永久的好处。这个时候，我们应该开始讨论精神复兴，因为我们国家大多数谦逊的公民都应该清楚地看到了，我们正处于精神破产的境地！

在我们关心他国迫在眉睫的战争和内部冲突之前，让我们先把自己家收拾好吧。我们首先要做的，就是让冲突之中的雇主和员工能更好地理解对方，因为这种冲突若不能制止，不仅会摧毁直接卷入冲突的个人，也会摧毁亿万无辜的旁观者，也就是被称为群众的男女老少们。

我向你们发出这样的呼吁，是因为我有一个计划想要请求你们的支持，我知道这个计划能够解决我们当前的困境。这个计划并非我首创，但是四千年的历史确定无疑地证明它是切实可行的。

这项计划与政治毫无关系。它不会给任何人带来困难。执行这个计划，也不须要任何人作出牺牲。它会给我们国家的每个公民带来立竿见影的经济好处和个人收益。它可以在一夜之间解除资本和劳动力之间的冲突。它不仅会像我们预期的那样给美国人民带来广泛的自由和经济收益，也会给他国的人民树立一个学习的榜样，让自由和经济收益惠及他国的人民。毫不夸张地说，我提出的这个计划满载着希望，它可以轻易消除笼罩在欧洲多国身上的一切战争威胁和刀光剑影。

这个计划的主要内容就是让我们的国民做出共同的承诺，接受并采用黄金法则，以黄金法则作为一切经济、职业、政治和个人关系的基础。

朋友们，请不要因为这个计划过于简单而心生警惕，正因为如此简单，它才具有无穷的力量。这个计划简单无比，最谦虚的人也能够接受并使用它。这个国家的每个成年人、每个青年都能够得到它，不论你来自哪个种族，你都能平等地使用该计划。无须任何人同意，你就能使用该计划。若你能接受和使用该计划，你必然会获得它带来的收益，因为这些收益的本质不仅包括经济收益，也包括精神收益。

为了尽快将此计划落于实处，我特别呼吁每个州的地方长官都精诚合作。

为了让大家一起采纳这个计划，我在此宣布，每年12月26日至次年1月1日的一个星期时间为"黄金法则周"。在我们的第一个黄金法则周内，请每个人都签署承诺书，承诺自己愿意采纳和使用这个普遍法则，将它作为一切人际关系的基础。

说完上面的话后，我还会继续呼吁，直到美国人民都能充分意识到"黄金法则"的重要性，并开始遵守这一伟大的人类行为准则。我特别要向美国的劳动人民发出呼吁，让他们看到接纳和使用这一法则能给自己带来什么好处。

黄金法则是一种思想，但它并不是新思想。实际上，这个法则已经被人说了太长的时间，大多数人都错误地将它和"光说不练"联系在一起。

这个世界需要这一条法则。

我会回顾当年先辈们创建美国的历史，向劳动人民指出重要的一点，那就是建立美国的那些人也大多来自劳动阶层，他们和现在的人们一样贫寒。

我会请人们看清一个事实：这些人当年或许只有一个机会，今天的人们则拥有百倍的机会。我会呼吁人们看到这些伟大的机会，正是在华尔街经济资本的帮助下，工业得以发展，催生了这些机会，这不仅是少数人的机会，也是数百万男女老少的机会。

我曾经给美国的工业领袖贴上"经济保守主义"的标签，我愿意为自己犯下的这个错误道歉，我会鼓励劳动人民以成为工商业领域的领袖为目标。我会告诉美国人民，每个行业的伟大领袖和成功人士都懂得"提供超出自己所得报酬的服务"。我会告诉他们，要想获得长久的成功，就必须提供最好的服务，不仅指服务的质量令人满意，还特指怀着友好的精神提供服务。

如今的美国，我们每一个人都需要信息、启蒙！

我们须要知道作为这个国家的公民，我们拥有什么，又是怎么得到这些的！我们须要更加了解安德鲁·卡耐基、亨利·福特、约翰·皮尔庞特·摩根、杜邦及其他同样成功的人士。

黄金法则的运用

我手上戴着一块质量良好、精确度颇高的手表。如果我把手表拆开来，把所有的零部件都放在一项帽子里面，就算我下半辈子一刻不停地摇晃这顶帽子，这些零部件也不会自发组装成我手上的这块表。为什么呢？因为在手表的背后，是一套精心组织、全面测试过的设计方案，在将零部件组合成一块能运转的手表之前，先得有这么一套设计方案。我的手表很准时，因为它是由一个明白如何按照明确的设计方案组装各零件的人来组装的。

我有幸分析过数千名人士，其中有些人是享誉美国的最富有和最成功的人士。在这些案例中，获得成功的人都能执行明确的计划，而失败的人都忽略了计划的实施。观察到这一点，我推断成功总是有原因的，而失败也总是有原因的。实际上，我从自己的研究中发现，成功有17条基本法则，一个人不论从事什么行业，若能成功，必然使用了其中的几条法则。

这些法则中最重要的一条恰巧是今天大多数人都会忽略的一条。这条法则就是黄金法则，把这条法则挂在嘴上的人何止千万，人们却没有意识到它的实用性。

这条简单的人类行为准则说的是不论我们给他人或为他人做什么事，我们实际上是给自己或为自己做事。明白这个差别，黄金法则就有了完全不一样的意思。

我不准备干巴巴地劝你接受黄金法则，我要分享的是真实可靠的第一手信息，告诉你黄金法则如何发挥作用。

在世界大战结束时，辛辛那提的服装商阿瑟·纳什发现自己的生意岌岌可危。因为缺少营运资金，企业的营业状况已经达到了收不抵支的程度。因为缺少资金，万不得已之下，他开始尝试使用黄金法则。

他把所有的员工都召集在一起，告诉他们公司当前的困境。他说成功挽救公司的概率只有万分之一，若员工愿意配合，他愿意冒险一试。他愿意让每个员工都变成公司的合伙人，每个人都可以分享一份利润。他说："如果连这都拯救不了公司，那就没别的法子了，但我相信，只要我们能齐心协力、集思广益、同舟共济，我们就一定能打赢这场仗。"

员工们被说服了。他们齐心协力，共同努力。不仅如此，他们把存在储蓄账户中、旧袜子里及其他秘密地方的微薄积蓄全都取出来，全数投入公司。这些钱确实有所帮助，但对公司帮助最大的是他们投入的精神，这种真切渴望发展公司业务的精神。公司业务确实在发展。实际上，它发展得比以前还要好。

我曾有幸给这个案例写过一篇文章，并发表在杂志上。

这个名叫阿瑟·纳什的人和他的员工登上了美国各大主流报纸的头版，主流杂志也纷纷用很大的篇幅报道此事，但他们所做的不过是在实践中落实黄金法则。媒体为这个特殊案例提供的免费宣传价值数百万美元之高，而且如果单单用钱来买，再高的价钱也买不来这些报道。

阿瑟·纳什在几年前去世。去世之前他已经成为一名富翁，他的服装生意蒸蒸日上，让同行难以企及。他为员工所做的一切，也给自己带来了同样的回报。

这个非凡的成就背后并没有什么秘密。自阿瑟·纳什将黄金法则用于自己的企业以来，已经快 20 年过去了，但这件事依然能不时见于报端，人们依然对它津津乐道。黄金法则没有申请专利。只要愿意，谁都能采纳并使用这一法则。这是为数不多的所有雇主、员工、邻里都能使用且不会引起他人反感的法则。或许这条伟大的法则也有一个缺点：免费。

几年前，亨利·福特宣布一则信息：即日起他会为所有岗位的员工提供每天 5 美元的最低工资。此举震惊了整个工业界。对此策略，人人都有自己的看法，但是基本上谁也猜不到此举会给福特的员工和业务带来什么样的影响。业内的竞争对手高声骂他为"叛徒"。他们认为，他这疯狂的决定会摧毁他自己；如果别人也像他这么做的话，也是自寻死路。他们错了！这个举措并没有摧毁福特，而是成为福特最英明的决策之一。让我们简单地总结一下这项策略给福特带来的好处。首先，它给福特带来了最好的劳动力，人人都愿意给主动提出这种工资保障的老板干活。其次，它让每个员工在不同程度上监督自己的行为，因此降低了企业的运营费用。拿着这样的工资的员工没有一个敢怠工，他们也不敢拿出质量、数量不达标的产品，因为这会让他们面临失去工作的风险。这项策略的好处还不止于此。实际上在长达20年的时间里，它使福特公司免受劳动争议之苦，因为福特公司提供的报酬比工会领袖能承诺的要大方得多。即便在今天，当工会的领袖头脑发热想要找碴，想要对汽车行业开战之时，也会小心翼翼地选择与通用公司开战，而不是福特公司。

在福特自愿提高工资水平时，他或许并非刻意用黄金法则来经营自己的生意，却达到了黄金法则的效果。行动最为重要。我曾经在旅途中看到一句格言，它只包括六个很简单的字，留给我的印象却比其他任何格言都深，这就是："行动胜于空谈。"

了解那些获得巨大成就的人和那些一败涂地的人后，我发现，很多的人都是与这句格言反着来，他们信的是"空谈胜于行动"。黄金法则这四个字本身没什么用处，用嘴巴说出来也只不过是一串声音，不会带什么实际好处，但如果能将这几个字落实于行动，它们就会产生迥然不同的效果。

把黄金法则落实到行动上，就意味着提供的服务要超过自己所得的报酬。要想让这条伟大的人类行为准则发挥出最大的作用，你必须提供这样的服务，所有的领袖都要好好学习这个道理，并好好地让自己的下属牢记这个道理。

对于黄金法则的力量，我有一个惊人的发现，我从前并不知道这一点，也没有听人说过这一点。这个发现就是：当你处于困境之时，走出困境的最好办法就是找到一个或一些与你处于同样困境的人，帮助他们摆脱困境。这样做，你会发现在帮助他人的时候，你也在帮助自己。"帮助你兄弟的船到岸，你自己的船也会到岸。"所谓渡人渡己，便是这个意思。

根据黄金法则提供你最好的服务，这会给你带来各种深远的影响。

能够真正贯彻黄金法则的人拥有堪称神奇的力量，能够吸引和取悦他人，不费吹灰之力便能获得别人心甘情愿的配合。不久之前，西联电报公司的赫尔曼·沙茨曼邀请我同他一起自驾游一天，这次旅行中，我们在不同的情况下接触到许多不同的人。我非常惊讶地发现，每到一处，人们对沙茨曼先生都是那么客气，他们客气的态度是那么明显，于是我开始分析沙茨曼先生，想找出其中因由。沙茨曼先生驱车来到一幢私人庄园前。庄园大门口有警卫守护着。还没等警卫开口说话，沙茨曼先生便说："我们对这个庄园很感兴趣，您可以开门让我们进去吗？"

警卫转身正准备开门，突然顿住，又转过头来问："你们找谁？您也知道，这里不对外开放。"沙茨曼先生立刻回答："我想带我的朋友看看这个美丽的庄园。"警卫二话不说便打开门让我们进去。从里面出来的时候，我看到警卫满脸疑惑地看着我们，显然他也在纳闷自己为什么会违反规定让我们进去。我也奇怪他为什么会让我们进去。这一天旅程尚未结束，我便发现了其中的秘密。

从庄园出来后没过多久，沙茨曼先生就遇到了一件倒霉事，汽车开到新泽西州纽瓦克市的闹市时，一个轮胎突然爆了。更糟糕的是，爆胎的地点正位于一家私企的大门口，我们挡住了人家的过道。距离不到三百米远的地方，一位警察正在维持交通秩序。看到我们的窘境，便走到了车旁看了一下我们的瘪轮胎。我非常肯定，他当时正准备命令我们离开大门口，这时沙茨曼先生带着满面笑容开口了："您说我在这么一个繁华的地方爆胎，这运气也太好了吧？"警察阴沉的脸上立刻挂上了灿烂的笑容，回答道："可不是吗，兄弟！"令我诧异的是，警察还主动维持起了交通，让车辆从我们这边绕开，并给沙茨曼先生指了去最近修车厂的路。这个过程大概花了他一个小时，但是他一句怨言也没有。等我们换好轮胎准备走的时候，他面带笑容走到我们身边，祝我们下次轮胎出问题的时候运气能好一点。

当天晚些时候，沙茨曼先生开车到达一个路口的时候红灯已经闪起，但他决定继续往前开。路口过了大约一半的时候，警察的哨声响了，一位身材魁梧的警察带着"总算抓住你了"的神态走了过来。沙茨曼先生又抢先一步开口："我怎么这么傻啊，都不知道抬头看一下灯。之前看的时候还是绿色的。"警察看了他几秒钟，什么话也没说，只是脸上一笑，挥手示意我们退回去。

和沙茨曼先生走过这天大半的旅程，看到的士司机、警察及其他众多平时根本就不肯讲礼貌的人都对他表示出最好的礼貌，我发现了答案。答案很简单：沙茨曼真的很博爱，所有的人他都喜欢。他不仅在自己的言行中表现出这种喜欢，也在态度中表达出对人们的喜欢。有时候我会冒失地在公开场合分析一些自己不认可的人，每当此时，沙茨曼总是添上几句话，称赞一番那个人的被我忽略掉的优点或优良品质。

别人一眼就能感受到他的态度，并报之以同样的乐观和肯定。这也是人性奇怪、不可捉摸的特点之一，但它确实存在。人们往往相互报以一样的想法和言行举止。不仅人类如此，其他动物亦是如此。狗一下子就能看出一个人喜不喜欢自己，并用相同的态度对待这个人。想法可以从一个人的脑子里传递给另一个人。在与赫尔曼·沙茨曼驱车共游的一天里，我一直在想，如果能让雇主和员工的心中对同事充满感情，让他们拒绝说其他人的坏话，那天天操心雇佣关系的人还须要操心吗？

劳动争议正威胁着这个国家的基石，但这个简单的黄金法则就能解决所有劳动争议。不仅如此，它还会给人们带来平衡和宁静的心态，那些内心充满贪婪、怨怼、仇恨和嫉妒的人是永远感受不到这种心态的。

与赫尔曼·沙茨曼共游的一天尚未结束，我就开始思考一个哲学问题：我们的教育系统那么好，但在孩子上学的时候，为什么没人想过要教他们想想人性之善呢？只要简单地想想彼此身上的人性之善，自己和别人就能享有多少的幸事啊！

恐怕对我们大多数人来说，我们最大的弱点就是一生中总爱四处寻找问题的答案，却忘记审视自己的内心。我可以非常确定地说，我们的经济状况和精神状况之所以如此，是由占据我们心灵的思想决定的。

正确的待人理念

不久前,我有幸见过国际知名的声乐教育家埃斯佩兰扎·加里格夫人。她给我讲述了格雷厄姆·麦克纳米早年的趣事。麦克纳米先生想成为一名歌唱家,却没钱付学费。加里格夫人对他进行仔细考察后,发现他宁愿饿着肚子,也万分渴望成为歌唱家,因此认为他值得自己付出心血去培养。

在成为著名的电台播音员并赚了许多钱之后,麦克纳米先生想把自己花的钱还给埃斯佩兰扎·加里格夫人。她没有接受,于是麦克纳米提出要用别的方式报答她,他愿意像她当年帮助一文不名的自己那样,为另一名年轻人提供机会,一切费用由他负责。他花了至少150美元刊登广告,寻找合适的资助对象,最后终于找到一位在播音室工作的小伙子(够奇怪的吧)。经过6年的培训,这个小伙子成了歌唱家,发展出辉煌的事业。麦克纳米就这样偿还了自己的债务。难怪他当电台播音员都能发财,难怪大家都那么喜欢他。或许大多数人都不知道为什么格雷厄姆·麦克纳米的声音会那么悦耳。我也是在明白他待人处世的哲学之后,才明白了这个原因。答案就是,他的态度中烙印着黄金法则，而这种待人理念影响了他的声音。他对身边的人充满善意，他的待人理念和言谈举止都体现了黄金法则，所以他才能成功。他的收获，不仅有物质的财富，还有精神的财富。格雷厄姆·麦克纳米能如此平和对待身边的人，想必他的内心也是充满宁静的。

"种瓜得瓜，种豆得豆。"把这句话挂在口头的人成千上万，但很少有人能够领会这句话背后真正的哲学内涵。洛克菲勒家族的财富即便不敢说世界第一，在美国也必定是首屈一指。在二三十年的时间里，洛克菲勒父子俩为了把钱捐到该捐的地方，把大部分时间都花在了慈善上。洛克菲勒基金会雇用了一大群科学家和商务专家，这些人的工作就是保证这些钱能花在正途，让尽可能多的人享受尽可能多的好处。捐出的钱高达10亿美元，却没有影响洛克菲勒财团的发展壮大。洛克菲勒父子无论做什么都赚钱。最为奇怪的是，他们的原意并不是赚钱。想要在实际生活中使用黄金法则的人，要好好分析下最后这句话蕴含的意思。不知道在老洛克菲勒年轻的时候，当洛克菲勒财团的规模还没有这么大的时候，他有没有用残酷的手段对待自己的对手，但是可以肯定的是，洛克菲勒父子在金钱方面对公众一直都很大方，而某种不可捉摸的力量也大方地回馈了洛克菲勒父子，为他们带来的财富比他们捐赠出去的还要多。

查尔斯·施瓦布特别幸运，在还很年轻的时候就进入安德鲁·卡耐基的企业。我曾听卡耐基先生说过一句话，那就是施瓦布不需要别人监督他，不需要时钟记录他上下班的时间。施瓦布能够自我监督，至于上班时间，好吧，不管要他干多久的活，他都随叫随到。卡耐基先生有这么要求吗？当然没有！这是年轻的施瓦布自己的想法。他提供的服务超过卡耐基先生的要求，有提出要额外的报酬吗？他没有拘泥于8小时工作时间，他提供的服务超出了任何一个雇主的要求，因此才获得自己想要的薪酬，甚至有时候，他一年的薪酬能超过一百万美元。

刚受聘于卡耐基的公司的时候，施瓦布还是一个缺乏经验的穷小子。他接受的学校教育很有限，但是他拥有极好的心态，事实证明这种心态给施瓦布先生带来莫大的好处，卡耐基先生则说，这种心态"非常具有感染力"。与施瓦布共事的人很快就能被他的心态影响，并将同样的心态传递给他人，这样整个办公场所都充满和谐氛围。和谐是无形的，但能带来和谐的人是非常值钱的。

这一法则的价值再怎么高估都不为过。请尽量多地运用。

施瓦布能让人们和谐共处，互生好感，是因为他对别人持有正确的待人理念。正是因为有这种待人理念，他才会成为美国最伟大的推销员之一。他之所以伟大，是因为他积极向上、富有感染力。其他人与他接触后，都能感觉到这种心态，并将之传递给身边的人。一位曾给施瓦布工作过的速记员说过:"能有幸每天接触到他的思想,比去世界上任何一所大学学习都值。这种心态让你情不自禁地想对他人保持和气。"

这是多么高的评价啊!但是,施瓦布的待人理念并不需要成本,只要有自制力,再加上真诚渴望对他人友好就行。这种态度会带来莫大的好处。它不仅能吸引他人,让他人心生愉悦,让他们愿意与你配合,还会给你带来别处得不到的平静心理和满足。

你还要多久才能明白待人理念的重要性?你还要多久才能知道决定自己收入和价值的,不是别的,而是自己的心态?你还要多久才开始控制自己的心态?回答好这些问题,你就能像施瓦布、洛克菲勒或者其他明显知道答案的那些人一样,功成名就。如果说只有一个东西能让你成为雇主或公众心中不可或缺的角色,那这个东西就是正确的待人理念。

写到卡耐基和施瓦布,也请你注意一点:卡耐基也拥有正确的待人理念,但是即便施瓦布的价值再高,也很少有雇主愿意让他拿百万的年薪。在卡耐基先生执掌公司的年代,雇主大多尽可能地降低员工的工资。卡耐基的见识则高人一等!要想获得像施瓦布这样的员工并留住他们,最好的方法就是让他们拿到与其实际价值相匹配的报酬。卡耐基创造的百万富翁比钢铁行业里的其他任何人都多,这个事实强有力地证明了他卓越的智慧。

我经常听人们说："哦，是啊，我相信黄金法则，我也愿意在做生意的时候用上它，但是这么做就是在钱财上自寻死路，因为别人不可能遵守这个法则！"我必须惭愧地承认，我也曾对这个伟大的人类行为准则表达过同样错误的态度。

可实际上，遵守这条法则的人并不会损失什么，拒绝遵守该法则的人再多也不会，原因很简单，遵守这个法则的人内心拥有强大的精神力量，即正确的待人理念。他会吸引志同道合的朋友和于己有利的机会、理念和情境，而没有这种态度的人是看不见、遇不到这些的。所谓同类相吸便是如此。如果你遵守黄金法则，而与你做生意的人却拒绝遵守黄金法则，那损失的是他们，不是你。如果你谨慎遵守这个法则，别人也许真的会一得到机会就在交易中欺骗你，但是真心喜欢你的人会是欺骗你的人的十几倍之多，你的收获会比损失要多得多。补偿法则正是通过这种方式发挥作用。

我常常听人说，一个人做好准备接受什么，这个东西就会出现。第一次听人这么说的时候，我还怀疑这句话说得不对，那是因为我当时不了解黄金法则，也不明白"做好准备"的真正意思。难道我没有做好准备赚大钱吗？难道我没做好准备获得真正的幸福吗？难道我没有做好准备赢得大量的朋友吗？我所希望的财富、幸福、朋友为什么还没有出现呢？错了，真相就是我并没有准备好接受这些。

做好接受某事物的准备，意味着清除杂念，持有正确的待人理念。很多人也犯了同样的错误，将需求与做好准备迎接该事物混为一谈。你的需求和你真正得到的，二者之间只有非常微小的联系。我们都需要金钱、朋友和机会，但如果没有正确的待人理念，我们可能一样也得不到。

真正遵守黄金法则并知道自己为什么要这么做的人，会建立起一种待人理念。要得到人生中的理想事物，这种待人理念不可或缺。请记住，我不指望你听了这些话便能做到，等你通过亲身经历明白这个真理，你才能知道我的意思。仅用言语，是无法描述和传递黄金法则的神奇力量的。你只有在行动中才能明白这个伟大的法则。现在就开始按照黄金法则做事吧，我就算花 100 年时间不停地解释，也不如你在行动中体会得深刻。下面这句话或许有助于你理解该法则的本质：仅仅是相信或者空谈黄金法则，你永远也体会不到它的好处。

一些个人经历

刚才提到要做好准备接受人生的馈赠，正确的待人理念是第一步，在此我想分享一下自己最重要、最具戏剧性的人生经历。

在等待经济危机过去的时候，有两个人来找我，劝我跟他们一起在全美国巡回演讲。后来我发现这两人不真诚，十分自私。他们不过是利用我的名声赢得公众的信任，因为他们自己做不到这一点。他们的目的是出售一个电影项目的股份。这两人通过我认识了我的许多朋友，他们不仅欺骗了我的朋友，让我处于极为尴尬的境地，还骗了我和我亲戚大笔的钱财。一些朋友想让警察抓走他们，但我的反对让这两人免除了牢狱之灾。原因如下：在做巡回演讲的时候，我遇到了一女士，她后来成了我的妻子。她给我的生活带来无价的精神财富，我觉得我有责任感谢这两个骗了我朋友的迷途羔羊，正是因为他们，我才认识了我的妻子。

每一次挫折都会带来一颗有利的种子。

这条法则从无例外。正因如此，很多所谓的失败实际上都是恩赐。有人曾经问托马斯·爱迪生，他的耳聋问题有没有给他带来很多不便,他的回答说明了这条法则的重要性。他说:"并非如此。它对我是个恩赐,因为它强迫我倾听内心的声音。这帮我获得更好的灵感,从而助我改进大多数的发明。"

爱默生曾说:"除了你自己,谁也伤害不了你。"此言非虚。此前不久,我太太设计出一种游戏,可以帮助游戏的参与者意识到汽车的危害性。游戏设计得比较完善之后,她把它出售给一位熟人,并达成所得的钱财二人平分的共识。可是再次听说这个游戏的时候,这位熟人已经用自己的名字申请了专利,他把它视为个人财产,卖给了一家大型玩具制造商。

我们有没有将他告上法庭,用欺诈的罪名把他送进监狱?没有。首先,我们找到帮那个人申请专利的律师,向他指出这项申请是建立在欺诈的基础上的,这项专利实际上完全属于游戏的发明者。我们还提供证据证明这些话。这位律师承认此款游戏应属于我太太。接着,我们同意接受一定比例的专利许可使用费来代替自己的所有权,这个比例比我们最初同意接受的要少一些。对方接受我们的要求,问题解决了。

现在,让我们思考一下这个交易的输家是谁。在这个交易中,我和我的太太都收获了无形的财富,其价值任何一个法庭都无法评估,即便是放在这位骗了我们的熟人面前,他也意识不到其价值。这件事解释了为什么说"每一次挫折都会带来一颗有利的种子"。

我们最大的收获就是发现了太太的创造天赋。正是因为这个不诚实的熟人的险恶意图，我们才能发现并注意到这个天赋。在这个发现的基础之上，我们又有了另一个更重要的发现——我们发现这种创造能力可以用到别的方面上。在太太身上发现的这种能力，注定会给我带来莫大的帮助。

如果按照这位熟人的本意，他本想欺骗我太太，让她失去对这个发明的所有权。那我们有没有对他心怀怨恨？并没有！相反，我们还得时时感谢他，因为在那么多用不同的方式帮助我们取得更大的个人成就和进步的人里，他亦是其中一员，甚至可以说是排在第一位的人。排在他身后的，便是那两位骗了我大笔钱财的人，他们让我徒劳无功地走了一趟南方，但也让我遇到了一个人，她让我的心灵得到成长，给我带来无可比拟的财富。

早年间，我以为像爱默生这样的哲学家，都留着长长的头发，满脑子的理论，基本没有实际能力应对生活中亟待解决的问题，而现在，我却有了相反的看法。这种逆转是生活本身带来的。现在我明白了，每个人都至少要精通基础的哲学知识，每个人都至少要知道每个果都有其因，也应当知道如何通过果来判断因。

劳资争议

在资本和劳工的一切纠纷中，交战双方和大多数公众似乎并没有完全明白"资本"这个词的意思。资本和劳工的关系由三个要素组成：其一，依靠双手劳动的人；其二，货币或者以信用形式呈现的货币等价物；其三，管理货币和指挥劳动者的人才。目前最后一点最为重要，因为能够管理和指挥人们工作，能够明智决定哪里该用钱、哪里该省钱的人才是非常缺乏的。

管理资本的人才不仅要引导和有效指挥人们工作，还要为制造出来的产品寻找市场。这需要非常高超的专业化才能。劳动产品从产地运输到销售地，用到运输领域里高超的专业化管理能力。

所谓独木不成林。不论在什么行业，一个人若想在人生中取得值得一提的成就，必定要与他人合作。卡耐基身边环绕着许多学识渊博的科学家、技术专家和商业顾问，他们个个都领着高额的工资。若没有他们的通力合作，卡耐基也不能创造自己的百万财富，但是，也请你注意，卡耐基付给这些专家钱的时候可是很慷慨的。

我们提议每个雇主都立刻宣布，从今以后他的企业将贯彻黄金法则，公平分配利润，会由两种人来管理：一是从构成企业骨架的投资者中选出的代表，二是从组成企业血肉的工人中精心挑选的代表。我们还提议，每个雇主都任命一个咨询委员会，其成员由社区里有名望且无利益关系的人组成，他们代表第三方（也就是公众）参与劳资双方的谈判。

如果一些商界领袖能将这种理念传递给实业家和公众，他和自己的企业就会变得永垂不朽，但是光说是不行的，须要行动！

新的世界

当生活再次回归宁静，当世界再次回归正常的秩序、和平与繁荣之时，新的领袖和新的领导才能就会出现，而在经济、工业、政治乃至人类行为的各个领域中，通过帮助自己的追随者、领袖获得的回报会比自己收获几百万美元的金钱还要多。

待一切重归平静，国家的领导人将会用仲裁解决一切争端，而不是诉诸战争。战争华丽的外衣将会被扒下，让人们看清其本质。伍德罗·威尔逊的名字也会和华盛顿、林肯的名字一起，被刻在该刻的地方，世人更愿意尊敬提倡用仲裁（而非战争）解决国际争端的人，更愿意尊敬达成国际公约、确保永久和平的人。

待一切重归平静，那些为了赚取自己既不需要也用不了的百万美元，而欺骗追随者、窃取其财富、玷污其名声的人，将会罪有应得地受到人们的鄙视和嘲笑。

或许有人会说这是做梦吧！是乌托邦吧！

如果只看如今的世界，这或许有点空想，但是未来会发生变化。再过十几年回看这些话吧。那时候就不会觉得是做梦了。

如果20年前有人告诉你，我们能载着20个乘客以240公里的时速在空中飞行，你也会说这是在"做梦"。

我们生活的世界正发生日新月异的变化。无知和迷信正在崩塌。

苦苦挣扎的人们被无知、迷信和恐惧的枷锁束缚了很多年，如今这个世界正在学习切断这个枷锁。今天的人们，开始挣脱自己加诸自己的锁链并站起来了。

从前的偏执狂和狂热分子大都通过打击追求和传播真相及知识的科学人士，有力地阻碍了文明的发展，直到18世纪这种状况才有所改善。不仅如此，他们极力贬低致力于带来人性启蒙的哲学家和思想家。伟大的爱默生至死都是许多所谓正统领袖的眼中钉。托马斯·潘恩以腐蚀公众思想的罪名被绞死在十字架上，若非后来公众已经变得更为宽容、更为勇敢，罗伯特·英格索尔也逃脱不了同样的迫害。

人类思想有了长足的发展，随着人们对生命的理解越加深刻，新的领袖也会诞生，他们能够让我们拥有更高的智慧。我们正处于新时代的萌芽期。世上的大学加快了新时代黎明的到来。科学家做出了应有的贡献，曙光已经出现在东边的山头上了，新的光辉映红了天空。

在过去的二十多年里，我一直想要说出这些真理，恐惧却让我停笔。年岁的增长、阅历的增加，再加上世界大战以来这世上发生的翻天覆地的变化，让我心中的勇气战胜了恐惧。不仅如此，过去20年间发生的变化也证明了这些话是正确的。

恐惧是一个人最大的敌人。它就像恶魔一样压在我的肩头低声对我说："你不能那样写。那会毁了你的事业，会让你失去收入。你不能这样写，你不能那样做，因为公众不同意这种看法。你不可以表达新的观点，也不能提倡新的经营方法，因为人们会笑话你。"

害怕贫穷，害怕批评，会让人失去主动性；它们会束缚人的双手和心灵，有能力在一代的时间内推动文明向前发展一千年的天才因为它们而踟蹰不前；它们会挫伤人的创造想象力，让其因为缺乏表现机会而枯竭。

本书的目的在于启发人们的思想！它的初衷不是要求别人完全同意我的想法。我不敢说自己永远不会犯错，而是非常愿意让拥有准确思考能力的人们来判断我的看法和信念。

撰写本书是我心甘情愿而做的事情，贯穿写书过程的思想让我的劳动得到了上百倍的回报。这个思想让我充满勇气，不再消沉，不再有恐惧，这个思想让我的心与马克思·埃尔曼的这些话产生共鸣：

> 让我每天做自己的工作，即便绝望的黑暗时刻压倒了我，也不要忘记其他时候在荒原上安抚过我的力

量。希望我在动荡的年代里，还能记得童年时行走在寂静山野或在宁静河边做梦的光明时刻。希望我能免除苦难，不再遭受不期而来的刺痛。希望我不要，忘记贫穷和富有都是精神财富。虽然世人并不认识我，但是希望我的思想得以传播。愿我能追求梦想。即便谴责自己，也不要批判他人。我不要追逐世界的喧嚣，而愿意静静地走在自己的路上。请赐予我几位朋友，他们爱我是因为我真诚，请在我流浪的步伐前面点燃一盏永不熄灭的希望的灯。即便在年老和疾病压垮我之时也无法看到梦想的城堡，也请让我对生活心怀感恩，感谢美好甜蜜的陈年记忆，愿我在暮光中依然温柔。

如今的世界需要新的拓荒者，他们能够制定新的计划、产生新的观念、研究出新的发明，这世界也同样需要有勇气主动在各行各业创新的人。

政界、银行业、交通业、工商业、教育界，以及音乐、文学、新闻、舞台和屏幕，都需要这些新的拓荒者。

经济萧条标志着一个时代的结束，也标志着新时代的诞生。

这个新世界需要能够将梦想转化为现实的追梦人！

塑造文明的，一直都是追求梦想的人。

他们通过信念、勇气和想象力抓住未来的机会和看不见、摸不着的力量，建造出摩天大楼，化沙漠为城市，变荒原为繁华集市。

未来，只要你能怀有崇高的梦想并坚持逐梦，你便能将此梦想变为现实，因为这个时代青睐的正是那些脚踏实地的追梦人。

哥伦布的梦想是寻找另一个世界，于是他发现了新大陆！

哥白尼梦想更具多样性的世界，于是他揭示了这一点！

亨利·福特梦想造出不用马拉的车子，他坚定不移地坚持自己的梦想，如今他梦想的成果已经遍布全世界。

爱迪生梦想造出能够记录和传播人类声音的机器，他坚持自己的梦想，历经无数的失败，最后终于将梦想变成华丽的现实。

惠伦梦想开设雪茄连锁店，他用行动追求自己的梦想，而现在，美国每个城市最繁华的街区都有联合雪茄连锁店的影子。

林肯的梦想是让黑奴获得自由，他联合南北双方，将梦想化为现实。

莱特兄弟的梦想是造出能够飞上天空的机器，事实证明这个梦想可以变成现实，世界各地的天空中满是证据。

最伟大的成就最初都只是梦想！

橡树在种子里面沉睡，鸟儿在蛋壳里面等待破壳。梦想是现实的幼苗。

追梦人啊，醒来吧，站起来吧！这个世界充满了机遇，这是从前的追梦人所不敢奢望的。

心怀宏伟的愿望，这便是追梦人展翅翱翔的起点。

冷漠、偷懒、没有雄心的人不会实现梦想。

经济萧条是我们在世上最大的幸事。它为追梦人铺平了道路，给他们带来原先没有的机会。

不要说"今天没有机会"。

今天的世界不再嘲笑追梦人，也不会说他们不切实际。恰好相反，它呼吁追梦人给世界带来新的理念和计划，并且用巨大的财富和荣耀回报追梦人。

你也曾失望过，你也曾遭遇一时的挫折，你也曾雄心熄灭，但请你明白，这些遭遇不过是在锻造你的精神，它们是价值连城的财富，所以请重拾勇气吧！

也请你记住，大多数的成功人士刚起步时都会遭遇失败，经过很多的挣扎才能获得成功。他们人生的转折点大多出现在危急时刻，他们正是通过危机才发现了自己的另一个自我。

本书即将结束，在挥手道别而走上各自的人生路之前，我希望能与你分享以下心得，这些心得都是在经过颇多阅历、挣扎和苦难之后才得到的。

一切世俗之物，都不值得你恐惧和担忧。

除了为他人带去幸福而产生的成就感，其他一切都不能给你带来长久的幸福。只有货币价值的东西无法满足人类的渴求。

没有身体和心灵的自由，幸福也无从谈起。自由是每个人的努力目标，不论你是否意识到这一点。巨大的财富也不一定能带来自由，财富往往会带来更多的责任、恐惧和担忧。一个人的心中存有恐惧，他必然没有自由。

人人都须要度过如今的困难时期，之所以说困难，是因为四处可见不满、犹疑、恐惧。请注意不要让这混乱的旋涡吞噬你。如果你卷入旋涡，请记住，除了你自己，谁也无法把你从绝望的巨浪中拯救出来。你的思维习惯决定了你是什么样的人，但是习惯可以改变。这本书告诉你可以通过哪些法则来改变自己的思维习惯，而现在，作为你的引路人，我须要跟你说再见了。以后的旅程须要你自己去走。未来的旅程好不好、愉快不愉快，取决于你如何使用自己思想的力量。

若要我用一句话来提炼本书的主旨，我会这样说：若你可以控制自己的理智，那么你就拥有了一切问题的答案，以及获得一切物质需求的媒介。

在结束此书之前，我祝愿你心中充满勇气和信念。有了这样的心态，你需要的其他一切都会在需要的时候来到你身旁。借用爱默生的话来表达我的祝愿：

愿能给你带来助益或慰藉的每一句名言、每一本书或畅通无阻，或百折千转，都能抵达你的心田。愿你发自柔软的内心想拥有，而非一时冲动想获得的朋友，都能与你紧紧相拥。